# 企业安全文化建设实务

宋守信　陈明利　翟怀远　著

应急管理出版社

·北　京·

# 内容提要

本书分为理论篇、实践篇和案例篇三篇，共11章。其中，理论篇两章，包括企业安全文化概述和企业安全文化的场效应功能。实践篇六章，包括企业安全文化建设概述、员工安全心理促进系统构建、安全文化阶段性建设模式、企业安全文化星级建设阶段分析、安全文化退化与潜流文化治理和企业安全文化星级建设测评。案例篇三章，包括企业安全文化理念建设案例、企业安全文化知识建设案例和企业安全文化行为建设案例。本书理论联系实际，通俗易懂，对指导企业开展安全文化建设工作具有重要借鉴作用。

本书适用于企业各级安全生产领导干部和生产、安监、思政等部门的管理人员阅读参考，也可供大专院校安全类专业学生参考。

# 建设韧性强劲的安全文化
# （代序）

为更好地统筹发展和安全之间的关系，应从安全科技进步、安全管理创新和安全文化建设三个方面强化安全韧性系统建设。只有真正实现三大要素的“三足鼎立”，才能打通制约安全治理体系和安全治理能力现代化发展的关键节点，保障人民群众的生命财产安全。

在三大要素中，安全科技通过基础研究、技术创新、装备研制、研发基地和产业发展“五位一体”，为安全发展提供坚实可靠的物质支撑。安全管理通过构建政府监管、行业自律、企业负责、公众参与、社会监督等模式，为安全发展提供规范严谨的制度支撑。安全文化通过提升安全素质、增强安全意识、充实安全知识、规范安全行为等措施为安全发展提供源源不绝的思想动力支撑。

安全科技、安全管理和安全文化是有机统一整体，三者相辅相成，互为条件，互相促进。安全科技、安全管理水平的提高，可以为安全文化建设奠定坚实可靠的基础；安全文化的建设发展，可以为安全管理创新和安全科技进步提供持久强劲的动力。安全文化是三大要素中的灵魂，在安全发展中能够起到重要的引领作用，推动安全管理和安全科技落到实处，使城市和企业能够在各种风险冲击下保持韧性，持久稳定发展。

安全文化是我国传统文化的重要组成部分，发展到今天，核心目标已经拓展到强化生命保障、增强安全韧性和以高水平安全保障高质量发展的更高层面。随着社会对安全发展的要求日益提升，安全文化建设更要强调人是安全生产活动的主体，持续不断地提升人的安全素质是保障安全文化韧性的基础。安全素质包括安全意识——时刻想到可能面临的风险；安全理念——在安全风险面前要有所担当；安全知识——懂得安全科学原理，掌握风险演化规律；安全能力——练就应对错综复杂风险演化的能力；安全行为——形成安全生产中习以为常的行为习惯。

只有企业全员深刻认识到安全的重要性，秉持正向积极的安全理念，全面认同安全发展愿景，掌握充实的安全知识和娴熟的安全技能，才能真正做到全员参与到防风险、除隐患、遏事故和应急响应中，形成人人“要安全、讲安全、懂安全、会安全”的局面，做到长治久安。

当前，安全领域对于安全文化建设工作的关注度持续高涨，各行各业正在积极探索如何将安全文化有机融入安全生产，发挥出更加持久深入的作用。值此时机，很高兴看到了北京交通大学宋守信教授团队为了适应当前安全发展的需要，撰写了这本《企业安全文化建设实务》，为企业全面开展安全文化建设提供了很好的理论和实践支持。书中梳理了安全文化发展历程，剖析了企业安全文化建设过程中所面临的种种困惑，展示了安全文化在企业安全生产中不同阶段的呈现形式，总结提炼了企业开展安全文化建设工作的关键要素和成功经验。非常期待这本著作能够给当前方兴未艾的企业安全文化建设注入新的活力。

中国工程院院士　范维澄
清华大学公共安全研究院院长

# 目录

# 绪　论

《礼记·中庸》中有段话精辟地介绍了治学求进的道理——“博学之，审问之，慎思之，明辨之，笃行之”。先哲所提出的至理名言，为我们编写这本《企业安全文化建设实务》打开了清晰的思路。博学就是要广博宽宏地学习，在掌握安全文化建设基本理论的基础上兼容并包、博采众长；审问就是要审慎精确地求问，要敢于质疑，能够对缺憾深入挖掘，对不足刨根问底；慎思就是要慎重细致地思考，努力寻找开启解决难题的锁匙；明辨就是要明白清晰地辨别，明确工作模式是否切合实际；笃行就是要笃定踏实地践行，把安全文化建设知识运用到生产实际当中，做到知行合一。

由于系统的安全文化概念问世不到半个世纪，所以在建设实践中，五个维度中的“审问”凸显出特别的重要性，即要善于探索，敢于质疑，能够带着问题建设安全文化。因此，本书开门见山地提出了当前安全文化建设中存在的四个方面的问题，然后根据所提问题设置了相应的章节，提出了解决问题的思路。

我国自2008年颁布《企业安全文化建设导则》（AQ/T 9004—2008）和《企业安全文化建设评价准则》（AQ/T 9005—2008），2012年发布《全国安全文化建设示范企业创建评价标准》以来，众多企业对安全文化建设越来越重视，努力将安全文化融入安全管理工作中。2023年3月，为了深入落实习近平总书记关于培育安全文化的重要指示，中国安全生产协会又发布了《企业安全文化星级建设测评规范》（T/CAWS 0008—2023），旨在激发企业长期开展安全文化建设自评自建工作的内生动力，指导处在不同建设阶段的企业开展建设工作，持续提升企业安全文化水平。

一系列关于安全文化建设标准、规范的发布，对于凝聚企业人心、导引安全行为，形成关爱生命、关注安全、持续发展的安全文化氛围起到很大的推动作用，越来越多的企业建设安全文化的积极性越来越高涨，建设方法越来越得心应手，安全文化氛围越来越浓郁，涌现出了一批又一批堪称典范的安全文化建设示范企业，对企业安全生产起到了强有力的保障和推动作用。这些优秀的企业以他们独到的创造实践，展示出了多种多样鲜活的典型，给了人们许多深刻的启示，使人们对于什么是安全文化，怎样建设安全文化都产生了许多新的认识，从理论体系和实际操作层面有了更深入的理解和更明晰的辨识。

在企业安全文化建设蔚然成风的大好形势下，人们也需要看到，仍然有部分企业与安全文化建设先进企业存在不同程度的差距，在安全文化建设中存在种种问题和认知困惑。这些问题主要表现在四个方面：安全文化建设的内涵是什么？安全文化建设的方法是什么？安全文化退化的原因是什么？安全文化建设水平的测量评价方法是什么？

## 一、概念模糊，盲人摸象——对安全文化建设内涵认识不清

人们常说安全文化看不见、摸不着，建设起来没有抓手。这是对安全文化的内涵认识不足的重要原因。安全文化作为一种科学概念有其特定的内涵和构成元素，但是一些企业由于对安全文化概念认识模糊，内涵不清，把所有日常安全管理都视为安全文化建设，写出来的安全文化报告与安全管理总结毫无二致。管理与文化虽然有密切的关联性，但是更有各自不同的存在方式与形态。管理学追求

普适性的理论与方法，而文化强调价值定位、思维选择和行为支配等。

安全文化建设的推进必须从根本上理解安全文化本质内涵，明确构成元素所具有的意义和作用。安全文化构成元素包括理念、知识和行为方式，这是众多中外安全文化学者的共识，可是在一些企业安全文化报告中阐述不清。不少企业提出的安全理念口号化，缺乏个性，对于理念、知识与行为方式之间的逻辑关系缺乏深刻理解，对于安全文化建设与养成之间的辩证关系把握不准，因而出现安全文化建设简单化、表面化的问题。安全文化建设与安全生产工作的具体行为应该是有机结合、相互促进的，但有些管理者和实施者对此认知不足。有的人认为安全理念就是安全文化的全部，不能发挥理念对知识和行为的导向作用，造成理念悬空。有的人认为安全知识就是安全文化的全部，忽视安全知识承上启下的作用，结果是纸上谈兵。有的人认为安全行为就是安全文化的全部，只注重制度建设、行为规范和外在形象，导致安全文化缺乏内在深度。如此种种做法实际就是盲人摸象、以偏概全，影响安全文化建设的全面性和系统性。

安全文化是一个由纵横多个维度、多种元素组成的有机系统，系统中各个元素相互联系、相互依赖、相互作用。安全文化的测量、评价与建设必须全面覆盖系统中的各层次、各元素。只有综合分析其间联系模式和作用机理，与企业安全生产的各个方面相互呼应，才能避免安全文化建设畸轻畸重，偏离正确方向。

## 二、急于求成，虚实脱节——不掌握安全文化阶段性建设方法

有的企业认识不到安全文化建设的阶段性、长期性和效果的滞后性、隐形性特点，不深入分析本企业安全文化发展的实际现状，不认真辨识存在的问题，因而也提不出鼓舞人心的安全文化建设目标和切实可行的对策。

每个企业都有不同的背景，但很多企业不能根据企业不同的文化背景，提出不同的建设目标，确定不同的建设要点，采取不同的建设措施，因而，也做不到扎扎实实、按部就班地进行有针对性的阶段性建设。如果期望通过运动式的建设活动一蹴而就，这样建设出来的安全文化必然与企业实际距离过大，成为无法落在实处的空中楼阁，无法发挥安全文化建设的作用和价值。不同发展阶段的安全文化建设都要立足于企业安全生产实际，这样才能发挥对安全活动的导引作用和对安全管理效能的推进作用。

不同阶段安全文化建设的侧重点各不相同，建设中绝不能盲目冒进，也不能迟滞不前，循序渐进才能不断攀升。

## 三、逆水行舟，不进则退——安全文化退化的控制措施不力

安全文化建设犹如逆水行舟，不进则退。只有通过润物细无声的深入工作，将安全融入每个人的内心，严格落实个人承诺，才能调动起全员安全生产的积极性、主动性，逐步将被动的安全行为转变成自觉自愿的安全习惯，促使安全文化不断提升。否则，安全文化就会退化，使得安全文化与企业安全生产行为渐行渐远。

如果企业看问题不长远，自我安全控制力弱，在安全文化建设过程中不注意对不良的文化苗头进行有效疏导和调控，就达不到企业上下对安全文化重要性普遍、透彻的理解，甚至会导致群体深层次滋生出阻碍安全文化建设的潜流安全文化。安全文化建设就会举步维艰，甚至好不容易取得的一些成果也会付诸东流，出现滑坡现象。

安全文化建设是一个艰苦的过程，需要动员全体人员，付出持之以恒的努力，才可以见到成效。

## 四、主角失位，貌合神离——做不到自我建设，自我完善

企业安全文化如何建设、如何发展，都需要企业全员通过自我评价、自我完善才能实现。安全文化建设的主角是企业全体员工，只有依靠全员从心出发，共同努力才能成功。但是有的企业没有激发起全体员工的内在动力，只把创建安全文化当作安监和思政少数职能部门的事情，员工不知情，没有做到各个部门通力协作和全员参与，背离了安全文化建设的本义，做不到自我建设，自我完善。由于没有进行深入的挖掘和提炼，没有归纳总结出企业安全文化独特的DNA，就无法找准建设的着力点。安全文化建设工作和安全文化体系缺乏实效性，难以激发出企业全员安全生产内生动力。

有的企业安全文化建设方案甚至完全依赖外脑，把安全理念归纳、安全手册编制、安全设施建设一股脑交给外聘咨询公司代劳。而有的不负责任的咨询公司在没有深入调研，企业没有深入参与的前提下越俎代庖，只是简单地拷贝原有现成的方案，结果建成的安全文化必然是空有形式不具内容的。这种情况不但不可能形成独具本企业特色的安全文化，还会使员工产生抵触情绪，形成负效应。特色要天长日久，潜移默化才能养成。

为了有效抵御多方面风险的冲击，提高企业安全文化韧性，本书针对以上提到的四个方面的问题，设置了理论篇、实践篇和案例篇，提出了相应解决问题的

思路。理论篇主要阐述企业安全文化基础理论。实践篇主要阐述企业安全文化建设与评价方法。案例篇选取了十四家企业各具特色的安全文化建设案例，并介绍了从这些案例中得到的启示。希望这些企业的经验给准备或者正在开展安全文化建设的企业提供有益的启发和借鉴。

# 理论篇

## 问渠哪得清如许？为有源头活水来

“问渠哪得清如许？为有源头活水来”是宋代诗人朱熹《观书有感二首 · 其一》中的名句，意思是要想让“半亩方塘”总是如明镜般清亮透彻，就必须有源头活水不断注入。比喻人如果想让自己永远清清楚楚，明明白白，就要持续不断地学习，补充新的知识，这样才能借得一双慧眼，才能使思想认识达到一个新的境界。

安全文化建设也是如此。要想把安全文化建设得顺理成章，就要搞明白安全文化是什么，安全文化的内涵是什么，安全文化的作用是什么。以其昏昏，使人昭昭是不可能的。有的企业安全文化建设之所以不得要领，是因为概念模糊，盲人摸象，建设中胡子眉毛一把抓，东一榔头西一棒子，结果成效甚微，走进了安全文化建设的误区。

安全文化建设需要理论作为基础，只有掌握了丰富而充实的安全理论，安全文化建设才有坚实的基础，才会少走弯路，才会从听天由命撞大运的必然王国，走进自主自如决定自己命运的安全发展的自由王国。

# 第一章
# 企业安全文化概述

要建设安全文化，就要正确理解安全文化；要正确理解安全文化，就要正确阐释安全文化的概念与内涵。安全文化建设要从安全文化的概念、内涵及其本质属性和实际功能出发，理论联系实际，才能真正做到易于理解，便于执行，可操作性强。

# 第一节　什么是安全文化

安全文化是文化的一个分支，是企业文化在安全方面的综合体现。讨论安全文化，有必要先从文化和企业文化谈起。

## 一、从文化和企业文化谈起

### 1. 文化释义

文化是一种以文明和道德作用于人，并通过作用于人而作用于社会的精神。每个人都生活在一定的文化之中，身边的各种事物都带有文化的符号。文化的发展依照人类学习知识和将知识代代传承下去的能力而定，社会科学家和人类学家关于人类文化提出过许多种定义，体现出了各个学派的思想。

“文化”一词，在我国最早源于《易经》：“观乎天文，以察时变；观乎人文，以化成天下。”这就是说，文化是一种以文明和道德作用于人，并通过作用于人而作用于社会的精神。2000多年前形成的儒家文化以仁义礼智信为核心，强调仁爱德治、大我正义、有序和谐、博学慎思和言行一致。在此基础上，孔子曾概括提出君子道者三，即仁者不忧，知者不惑，勇者不惧——仁德的人不会患得患失，智慧的人不会茫然失措，勇敢的人不会惧怕困难。这段话对儒家文化所倡导的思想品德、知识智慧和行为方式三个方面的重要内容作了很好的阐释。

1871年，文化人类学的代表人物爱德华·伯内特·泰勒曾提出：“文化是一个复杂的总体，包括知识、信仰、艺术、道德、法律、风俗以及人类在社会里所得到的一切能力与习惯”。定义中提到的文化所包括的8个内容可归类为3个基本单元：理念包括信仰、道德等；知识包括显性知识和隐性知识；行为方式包括风俗、习惯、艺术以及用以规范人的行为方式的法律等。

《不列颠百科全书》（1999版）中对文化的解释是“人类知识、信仰和行为的整体”。在这一定义中，文化包括语言、思想、信仰、风俗、习惯、禁忌、法规、制度、工具、技术、艺术品、礼仪、仪式及其他有关成分。

《现代汉语词典》中对文化的解释是人类在社会历史发展过程中所创造的物质财富和精神财富的总和，特别指精神财富，如文学、艺术、教育、科学等。

《中国大百科全书》（社会学部分）中对文化的解释是，广义的文化是指人类创造的一切物质产品和精神产品的总和，狭义的文化专指语言文学艺术及一切意识形态在内的精神产品。

从诸多关于文化的定义中可以看出，构成文化的核心是共同的观念和意义，观念和意义是能观察、能度量到的有形和无形的知识、行为方式等事物。

#### 2. 企业文化释义

企业文化是20世纪80年代兴起的一种管理理论、手段和方法，是以企业群体共同价值观为核心的企业精神，可以造就职工对企业的忠诚和强大的凝聚力。企业文化是部门文化，隶属于社会大文化。企业文化是在一定社会历史条件下，在长期经营管理的实践中，创造并积累形成的以企业价值观念为核心的文化。企业文化的基本要素是企业哲学和企业精神。

企业文化的基本体系包括企业目标文化、物质文化、组织文化、道德文化、形象文化和环境文化等子文化。有的企业把安全文化列为企业文化中的子文化之一，这是不确切的。安全文化不是企业文化的一个分支，而是企业文化在引领企业安全发展中的综合体现。安全文化建设必须注重与企业文化有机地结合起来。

## 二、安全文化定义的演化

安全文化属于狭义文化的范畴。自从1991年国际核安全咨询组给出比较系统的安全文化定义以后，国内外安全界产生了约70种安全文化的定义，其中常见的有以下几种。

#### 1. 国际核安全咨询组（INSAG）的定义

国际核安全咨询组（INSAG）在《安全文化》一书中给出的定义是“安全文化是存在于单位和个人中的种种特性和态度的总和，它建立一种超出一切之上的观念，即核电厂的安全问题由于它的重要性要保证得到应有的重视”。

国际核安全咨询组特别指出，在企业所有工作中，重视安全是超出一切之上的观念。“超出一切之上”就是“安全第一”的理念，就是强调从集体到个人必须全力以赴保安全，保证在安全与经济效益、安全与生产进度、安全与发展等可能产生冲突时必须秉持安全第一理念的问题，做到只有在确保安全的前提下，才能追求产量、进度、规模等目标。安全第一的理念是处理所有安全生产问题时应该持有的正确理解。理念虽然是抽象的，但是工作态度、思维习惯和单位的工作风气却可以导出具象的工作表现。只有正确树立安全第一的理念，才可以创建出持久稳定的安全局面。

定义还提出安全文化既存在于单位，又存在于个人，这个提法与文化只存在于群体中的观点不同，符合安全生产特点。生产活动是由多个环节组成的，涉及众多个体，牵一发而动全身，个人习惯特性对于安全保障具有不可忽视的影响。个人与集体中的特性和态度同样需要关注。

#### 2. 英国健康安全委员会核安全咨询委员会的定义

英国健康安全委员会核安全咨询委员会给出的定义是“一个单位的安全文化是个人和集体的价值观、态度、能力和行为方式的综合产物，它决定于健康安全管理上的承诺、工作作风和精通程度”。这个定义谈到的安全文化内涵不仅包括价值观、态度等安全理念内容，还包括能力和安全行为方式。这个定义由于明确指出了综合构成安全文化的三个单元，使得安全文化建设与评价更具有可操作性，所以得到了安全业界比较普遍的认可。

#### 3.“北京市安全文化建设纲要”的定义

我国在2000年前后引进了安全文化理论。2007年，北京市发布的“北京市安全文化建设纲要”中给出的定义是“安全文化是存在于组织和个人中的安全意识、安全态度、安全责任、安全知识、安全能力、安全行为方式等的总和”。

定义中提出安全文化是安全理念（安全意识、安全态度、安全责任）、安全知识（安全有形知识、安全无形知识）和安全行为方式三部分的总和。

需要特别说明的是，前面两个定义中谈的都是行为方式而不是行为。两者看起来很接近，但是从概念上严格地说有根本区别。行为是指具体的举止行动。行为方式则是指驱动行为的意识取向、所持态度和心理状态。例如过马路闯红灯是一种行为，为了节省时间不顾危险闯红灯就是行为方式。违章操作是行为，出于慌乱还是侥幸违章操作则是行为方式。安全文化在纠正违章中的作为，不是简单地遏制违章操作，而是要研究违章者的动机和期望，通过对症下药的工作打消违章念头，解除违章驱动从而避免违章。所以，在谈到安全文化建设中的行为管理时，要注意从引发行为的动机角度出发。

4.《企业安全文化建设导则》的定义

2008年，我国发布了安全行业标准《企业安全文化建设导则》（AQ/T 9004—2008），其中给出的安全文化定义为“被企业组织的员工群体所共享的安全价值观、态度、道德和行为规范组成的统一体”。

定义中的安全价值观、态度和道德属于安全理念，安全行为规范是指群体或个人在参与安全活动中所必须掌握的规则、准则，属于应知应会的知识，其作用是规范安全行为。

综合以上四种安全文化定义可以看出，安全文化的内涵组成包括安全理念（安全价值观、安全使命、安全愿景）、安全知识（显性知识、隐性知识）和安全行为方式三个单元，简称三元内涵。

# 第二节　企业安全文化三元理论

如前文所述，安全文化是由安全理念、安全知识和安全行为方式三元内涵密切结合组成的有机系统，每一部分都由相应具体的内容组成。安全理念包括安全价值观、安全使命和安全愿景等，安全知识包括安全有形知识和无形知识，即安全技能等，安全行为包括个体安全行为方式和群体安全行为方式等。

安全文化的三元内涵表明了安全文化是根植于企业每个人思想中无形的核心力量，在这种力量的驱动下，可以使企业全体员工积极探索安全知识，提升安全能力，规范安全行为，上上下下拧成一股绳，齐心协力投入安全生产活动之中。安全文化建设和评价必须全面覆盖系统中所有元素，否则就有可能成为盲人摸象，以偏概全。只有对安全文化内涵了如指掌，评价安全文化才能找到方向，建设安全文化才具有可操作性。

## 一、安全文化的三元内涵

分析多起重大事故可以发现，事故的触发可能有各种各样的原因，但是暴露出安全文化方面的问题往往是类似的，大体可以归纳为三类：第一类，缺乏良好的安全第一核心理念；第二类，工作人员的安全知识和能力不足；第三类，企业对员工违章行为所做的导引管控不力。正是由于有的企业对这些问题放任自流，听之任之，最后导致企业安全生产局势失控，最终导致事故爆发。

### （一）安全理念

安全理念是指企业在自身的安全哲学、宗旨、目标、精神作用等基础上，通过理性思维而形成的观念，是以安全价值观为基础，以企业的组织系统和物质资源为依托，以企业员工的群体意识和行为特点为表现的群体或个人所特有的安全生产经营管理的思想作风和风格。

安全理念一般包括安全价值观、安全使命和安全愿景。安全理念表现为企业所有成员对于安全有形的认知和渗透在企业方方面面无形的安全氛围。

1. 安全价值观

安全价值观即对安全价值的评价和看法。企业安全的价值在于安全第一，以人为本，促进经济社会和人的全面发展。

《安全生产法》(2021版）对“以人为本”做了进一步深化和拓展，强调“以人为本，坚持人民至上、生命至上，把保护人民生命安全摆在首位”。法律不仅突出了安全生产工作中人的地位、生命的地位，还旨在引导在社会主义现代化建设中树立积极正确的发展观、生命观，发展经济必须关注社会公平正义，关注人的生命价值。

“安全第一，以人为本”强调安全在企业各项工作中“超出一切之上”的价值，强调人本而不是物本，集中体现了在社会发展的进程中，生命的地位是不可动摇的，当人的生命安全与生产经营单位的效益指标发生冲突时，首先应当保障人的生命安全。生命重于泰山是最形象的阐述，警示每一位安全生产的从业者绝不能被经济利益指标遮住双眼，对重于泰山的生命安全视而不见。

我国传统儒家文化一直强调民本主义。仁者爱人正是儒家文化明确的以民为本的理念。在《论语》乡党篇中记录了这样一则小故事“厩焚。子退朝。曰‘伤人乎’？不问马”。这简单一问，反映了孔子在财产和生命安全权衡中重人轻物的人本思想。再考虑到当时社会中由于马匹作为生产和战争中的重要工具而具有的不菲价值，更能体会到儒家“人学”的可贵之处。

2. 安全使命

使命是指所肩负的重大任务和责任。马克思曾说过：“作为确定的人，现实的人，你就有规定，就有使命，就有任务”。使命是客观存在的，是意义深远的任务，这个任务不以人的意志为转移。

国家的安全使命就是保障维护企业员工、人民群众生命财产安全，为安全发展、全面建成小康社会奠定稳固、可靠的安全生产基础。随着我国社会的发展进步，以人为本、人民至上、生命至上已经不仅是一种思想，更是落到实践中的行动。企业不仅要为职工提供就业机会，而且要提供安全可靠、生命无忧的工作岗位，这是企业必须承担的重要社会责任，是社会赋予每一家企业神圣的使命。

### 3. 安全愿景

愿景是指心中的愿望所向往的前景。安全愿景是在“安全第一，预防为主，综合治理”安全生产方针导引下的本企业安全生产的中远期目标。

安全愿景要充分体现一个企业的核心价值观，使员工能够看到自己企业安全生产的美好前景，能够激发员工安全生产的工作热情，能够充分认可企业的各项安全管理措施，自觉地贯彻执行各项安全指令。

安全第一、以人为本是安全文化理念的核心。在安全文化理念建设中，需要围绕这一核心理念，全面提升规则意识、责任意识、参与意识、团队意识和进取意识。由于不同的安全文化建设阶段存在不同的文化背景，因此要根据阶段建设要求，确定不同的安全理念建设要点。

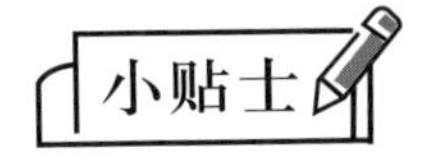


**安全在我心中，安全在我眼中，安全在我手中**

北京汽车动力总成有限公司通过对本企业现有和过去的安全管理思路、方法、问题，以及安全文化状况进行追踪调查、分析评估，挖掘优秀安全文化传统，总结提炼出了“安全在我心中，安全在我眼中，安全在我手中”的安全理念，体现了“安全第一，以人为本”的价值观，便于员工认同、理解、记忆和传播。北京汽车动力总成有限公司安全理念如图1–1所示。

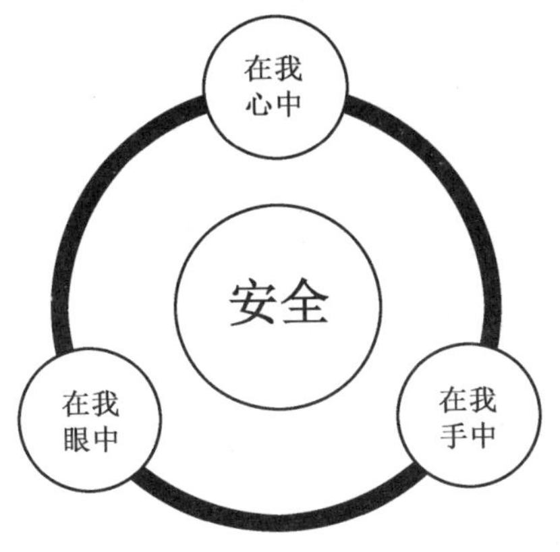


- ◆安全理念也叫安全价值观，是在安全方面衡量对与错、好与坏的最基本的道德规范和思想
- ◆提炼企业安全理念是企业安全文化建设的核心内容，掌握正确的提炼程序和方法，是建设有效安全文化的保证
- ◆对企业现有和过去的安全管理的思路、方法、问题，以及安全文化状况进行追踪调查，分析评估，挖掘优秀安全文化传统

图1–1　北京汽车动力总成有限公司安全理念

## （二）安全知识

安全知识是指员工在安全活动中所积累的显性知识和隐性知识。显性知识是指记录于一定物质载体上的知识，经常简称为知识。隐性知识是指存储在人们大脑中的经历、经验、技巧、体会、感悟等一般不明显公之于众的知识，经常指技能等。安全文化以知识为基础，在不同的安全知识的基础上会衍生出不同的安全文化。

现代化大生产的技术性、系统性和风险性特征，要求员工必须熟练地掌握安全技术和统一的安全职业规范。显性安全知识和隐性安全知识都属于安全生产中必须掌握的应知应会内容。只有安全知识基础扎实，才能够做到在复杂的安全活动中行为到位。相反，如果安全知识缺乏甚至空白，就会导致一系列的误操作。对于生产中部分员工热衷于运用经验实施“巧妙违章”，更是需要严加防范和坚决制止的。

### 1.显性安全知识

显性安全知识包括安全生产方针、法律、法规、政策、制度和企业的安全操作规程，以及安全生产目标等多方面的以文字、图形或图像等方式记录下来的内容。安全生产管理中经常讲到的应知，基本上指的是记成文字、图形或影像的显性安全知识部分。例如，瓦斯检测工必须掌握瓦斯爆炸的三个条件：瓦斯浓度5%~16%、热源温度650~750℃、氧气浓度不低于12%。

### 2.隐性安全知识

隐性安全知识也称为安全能力，是指人们通过在安全生产中的锻炼所积累的经历、经验、技巧、体会、感悟等形成的存储在大脑中的隐性的安全知识。安全生产管理中经常讲到的应会，基本上指的是不行动时不显露在外的技能、技术、经验等隐性安全知识部分。例如，配电工对停电、检电、接地封线的工作流程必须烂熟于心，包括必须由两人进行，一人操作、一人监护，操作人必须戴绝缘手套，穿绝缘鞋，戴护目镜，非机械传动的开关必须用绝缘杆操作。

在生产实践中，有些企业对现场需要掌握的知识细分成应知应会和必知必会。应知应会一般是指不会直接导致异常事故但应该了解的内容，主要是应知内容；必知必会一般是指可能直接导致异常事故的操作类内容，主要是应会内容。这样细分的原因可能是：一方面为了强调操作能力与基本概念在安全保障方面作用的不同；另一方面由于应会的前提是应知，应知的目的是应会，两者密不可分。考虑到应知应会与必知必会难以严格区分，所以将应知应会和必知必会一并纳入安全知识建设的内容。

应知必知和应会必会是安全知识建设的目标。为了实现这一目标，需要全面掌握重大风险、岗位风险、源头风险、关联风险和变幻风险的特点和防控知识。由于不同的安全文化建设阶段存在不同的文化背景，因此要根据阶段建设要求，确定不同的安全知识建设要点。

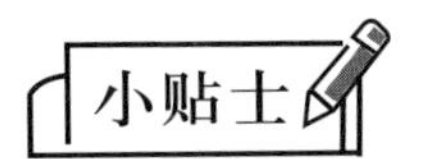


## 作业保安全，六想六不干

中建三局集团有限公司（粤）积极实施员工应知应会安全培训，潜移默化地提高职工的安全“预防意识”，及时更新技术规范、技术标准和操作规程。例如，为了有效控制员工不安全行为，公司为电工安全作业编制了“六想六不干”，即“想安全禁令，违禁事不干；想安全风险，冒险事不干；想安全措施，无措施不干；想安全环境，环境不适宜不干；想安全技能，能力不具备不干；想防护用品，不能防护不干。”强调只有在作业之前及早发现危险，认识危险，积极采取有力措施，才能预防事故发生（图1–2）。

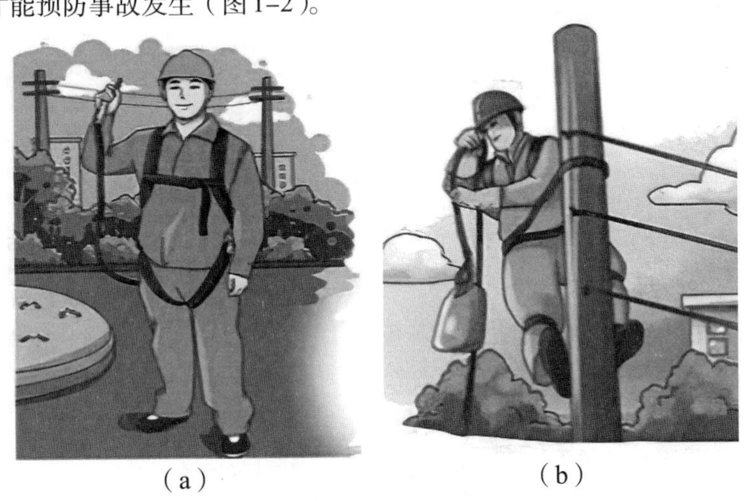

（a）　　　　　　　　（b）

图1–2　提高预防意识，控制不安全行为

### （三）安全行为方式

安全行为方式是指员工在安全生产活动中受思想支配的行动表现，包括行为的形式、方法、程序、结构等。只有员工遵循严格的行为规范，才能各就其位、各负其责，提高工作效率和安全水平。安全行为方式不同于安全行为。安全行为是指安全生产中一招一式的具体行动，而安全行为方式是指产生这些行动的原因，行动出现的先后程序规律以及行动与行动之间的逻辑关系。通过在平时生产情景中对人的行为进行有目的、有计划的系统观察、记录和分析，可以发现行为活动的规律和行为干预的方法。

安全行为包括个体安全行为和群体安全行为。个体安全行为表现为个人习惯，群体安全行为表现为群体风气。企业必须通过规章制度对全体员工的行为进行个体性约束和群体性约束。

1. 个体安全行为和个体行为习惯的形成

个体安全行为是指在一定的思想认识、心理、情感、意志、信念支配下，个体所采取的符合安全规范的行动。个体是组织的基本单元和细胞，直接影响组织的整体安全素质。

个体安全习惯是自动化的习惯成自然的行为方式。个人的行为习惯，无论是有利于安全还是不利于安全，都是在一定时间内逐渐养成的。工作人员通过日常的亲身经历和体会，建立了符合个人需要的条件反射系统，形成了稳定的思维、情感方式和自动化的动作或行为。

积极的个人安全行为和个体行为习惯表现为无须强制自然而然地遵章守纪，消极的个人习惯带来的是习惯性违章。

2. 群体安全行为和群体风气氛围的形成

群体安全行为是指为了实现组织的安全目标，由两个或更多的相互影响、相互作用、相互依赖的个体组成的人群集合体的行为。群体和个体是不可分割的整体。

研究群体安全行为关注的是人的共性，关注群体成员如何能够具有组织性，具有共同的需要和目标，认同共同的规范和行为模式；如何建立共同的归属感，实现相互之间积极的促进作用。

积极的群体安全行为习惯带给集体整齐有序的安全文化氛围，消极的群体习惯带来的是流行性违章。

3. 个体和群体安全行为的互动作用

个体安全行为的集合构成群体安全行为，群体安全行为的氛围影响个体安全行为。

作为组织的决策者必须充分考虑到个体的安全需求，但是根本点是基于群体的安全行为取向。管理者的任务是调节与协调群体安全行为，使其符合企业发展愿景。只有通过群体汇聚而成的安全文化激发出每个人的潜能，才能使集体和个体所做努力的安全效能最大化。

防风险、除隐患、遏事故和能应急是安全文化行为建设的基本工作内容。为了使行为建设到位，既要做到“要我安全”，更要强调“我要安全”。要从被动执行过渡到从被动到主动的严格履责，再到群策群力、齐心协力、持续改进、自强不息，逐步达到全面提升安全行为能力的目的。由于不同的安全文化建设阶段存在不同的文化背景，因此要根据阶段建设要求，确定不同的安全行为建设要点。

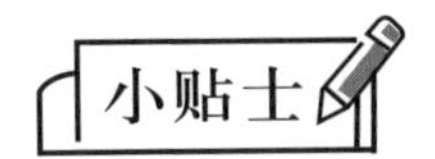


## 无惩罚自愿报告系统

北京燃气高压管网公司遵循人本主义管理理念，从2011年起在安全报告系统中增设了无惩罚自愿报告系统，如图1–3所示。鼓励职工自愿报告发生在自己工作中的失误或隐患，提醒、帮助其他可能受到同样安全威胁的同事，将工作中的无意失误转化为对集体、团队和组织的贡献。通过将有价值的信息进行分享，使得无惩罚自愿报告系统最大限度地发挥其预防事故、保障安全的作用。例如，某电工一次巡检中由于嫌麻烦，认为巡视不会碰任何带电设备，就没有换上电工绝缘鞋，结果不慎触电被击打。这位电工将这次历险经历写成报告，提醒大家引以为戒，起到了很好的警示作用。

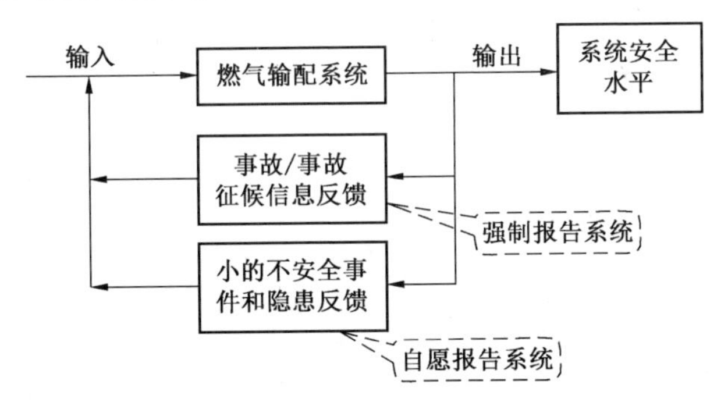


图1–3　北京燃气高压管网公司安全报告系统

## 二、安全文化的三元运行机理

安全文化的安全理念、安全知识和安全行为方式是安全文化的整体构成，缺一不可。要建设安全文化，先要在内心及精神上牢固树立安全意识，在理念的导引下不断充实、积累安全知识和安全能力，在安全知识的基础上脚踏实地投身于安全工作实践。

安全文化的三元结构不是简单的并列关系，而是一个由安全理念、安全知识和安全行为组成的有机系统，三者之间有主有从，彼此联系，相互影响。安全理念是决定安全文化方向的核心，安全知识是安全文化承上启下的关键，安全行为是彰显安全文化环境的表征。安全文化的三元结构如图1–4所示。

1. 安全理念——安全文化的核心层

树立科学的安全理念是安全文化建设的核心要务，只有通过对人的安全观念、安全伦理、安全态度等深层次人文因素的强化，才能逐步营造安全文化氛围，增强安全能力，改进安全行为，从被动地服从安全管理制度提升到自觉主动地按安全要求采取行动。里斯本大学和巴伦西亚大学心理学院的专家认为，作为外部情境因子的安全文化对员工内部情境因子的安全理念态度有正相关关系。

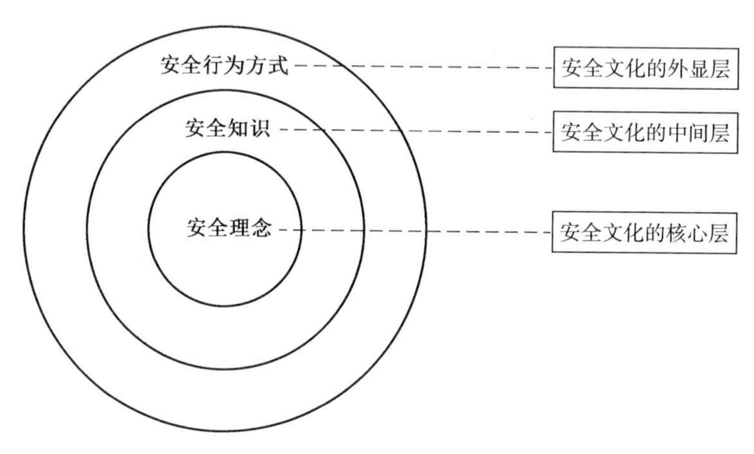


图1–4　安全文化的三元结构

作为安全文化核心层面的安全理念，指的是不需要约束或诱导，随时不假思索就可以脱口而出的理念；是由内而外的、持之以恒的、稳定的理念，不是一时兴起随口一说的“理念”。

先进的安全文化理念必须以“安全第一，以人为本”为核心，把安全作为企业和每一名员工发展的出发点和落脚点。需要注意的是，为了使安全理念不会成为一句形式化的口号，应该在安全文化不同的发展阶段，根据背景情况的不同，分别强调规则意识、责任意识、参与意识、团队意识和进取意识。

安全理念在安全生产活动中起着重要的引领作用，可是有的决策者却认为理念是虚的，措施才是实的，认识不到务实必务虚、务虚促务实两者之间的辩证关系。在做决定时主要围绕着成本和效益进行，做不到优先考虑安全；有的员工在工作中会出现因为赶进度而忽视安全。如果做不到对“安全第一，以人为本”的理念笃信不疑，安全生产就不能得到保证。

### 2. 安全知识——安全文化的中间层

安全知识是人类安全活动中所积累经验的概括和总结，在安全文化的内涵结构中起着承上启下的作用。不同的安全理念导引人们学习不同的知识，不同的知识决定了人们在安全活动中采用不同的行为。

人们学习什么知识，取决于知识对于自己的存在有价值。美国利宝安全互助研究所等机构的专家对货运公司的研究发现，公司安全文化水平与公司调度人员实践经验知识正相关。因此，有什么安全理念，就导向掌握什么类型的知识。在“安全第一”理念的引导下，就会努力学习风险防控等安全知识，掌握安全能力；在漠视安全，一味追求经济利益理念引导下，就会投机取巧，研究如何打“擦边球”，违章成风。作为安全文化中间层面的知识，指的是烂熟于心的知识，不是急用现学，临时抱佛脚的知识；是在安全生产中累积形成存储在大脑中的稳定的显性和隐性的知识；是熟练掌握的先进的安全规范、职业技能、隐患排查能力等各项安全知识。

安全知识在安全生产活动中起着重要的支撑作用。调查发现，生产岗位80%以上的员工对于操作规程和安全规程能够做到熟记于心或基本掌握，能够在设备正常运行时正确地操作本岗位设备。但是对于在设备运行过程中出现事故苗头和突发状况时，只有64%的员工处置基本准确，有16%的员工可以判断但是不能及时反应，有20%的员工则不能准确辨识出安全隐患。娴熟的安全知识是安全文化的基础，不能熟练掌握安全知识，就不可能有正确的安全行为。

### 3. 安全行为方式——安全文化的外显层

文化和行为是分不开的，行为是文化的外在表现，没有行为就无法实现安全文化建设的目标。个人或群体的行为方式是由个人或群体的兴趣、需要、目的，以及人际关系、信息交流等决定的，是建立在稳定的安全理念和个人或群体掌握的知识和能力水平基础上的。库珀认为，安全文化和实际安全行为之间存在必然的经验联系。一个企业安全文化处于什么水平，从员工日常行为方式就可以看出，无形的文化理念和知识水平是通过有形的行为方式展现出来的，正如孔子在《论语·公冶长》中所说，“始吾于人也，听其言而信其行。今吾于人也，听其言而观其行”。作为安全文化外在表现的安全行为方式，指的是习以为常、自然而然的行为表现，不是在制度约束、规范限制或人为监督下不得不为的行为，不是权衡利弊临时选择的行为；而是在稳定的安全理念指导下表现出来的行为，是“从来也不用想起，永远也不会忘记”的本真行为。

安全行为在安全生产活动中起着重要的保障作用，“四不伤害”强调的正是为了保障安全对作业者行为的要求。对早年所提的“三不伤害”增加了第四条“帮助他人不被伤害”，这是体现安全文化与时俱进的非常重要的标志。安全需要全员协同努力、互相帮助，但是在保证自身安全基础上又要帮助他人安全，没有足够的安全文化氛围是难以普遍实现的。作者曾经在一些企业做过“发现别人违章你能否及时指出”的问卷调查，统计的平均结果是“立刻指出违章行为的占78.1%；提醒一下听不听随他去的占11.7%；与我无关，装没看见的占10.2%”。这说明主动帮助他人遵章守纪不受伤害的文化氛围在一些企业还没有普遍形成。因此，企业需要从理念和知识、行为等各方面作出根本性的改变，推动安全文化向更深层次发展。

安全文化的三元之间递进的关系，反映了安全文化形成的过程，即树立了什么样的理念就会寻求掌握什么样的知识，掌握了什么样的知识和能力，就会表现出什么样的行为方式。如果不能从系统中各个元素之间的联系模式和作用机理来理解和建设安全文化，就可能舍本求末，无法成功。例如，有的企业感到从理念建设着手建设安全文化难以取得立竿见影的效果，就采取简单强制的办法贯彻规章制度，不重视理念建设和能力训练，结果虽然短期内取得了一些成效，但是由于员工容易产生抵触情绪，违章操作难以杜绝，最终导致事故发生。

# 第二章
# 企业安全文化的场效应功能

对于安全文化在安全生产中所发挥的功能，可以借用物理学中“场”和“场效应”的概念来表述。

在物理学中“场”是一种特殊的物质存在形式，这种形式的主要特征是弥散于全空间，具有无穷维自由度，虽然看不见、摸不着，但却是力学系统。例如，人们经常见到的重力、磁场力、电场力等，就是通过相应的场把无形的力传输到特定对象，产生有形的吸引效应或排斥效应。安全文化虽然与物理学中的场内涵不同，但却同样是看不见、摸不着，弥散于全空间的，也是一种力的存在形式，可以通过无形的影响对处于企业空间内的人员产生向往安全的引力、遵章行为的动力和违章行为的阻力。安全文化这种无形的作用明显有别于靠人监督、制度约束和奖励惩罚等有形措施产生的效能。

# 第一节　安全文化高屋建瓴和引领安全

近年来，越来越多的企业发现，在安全生产管理中居第一位的既不是严格的规章制度或安全指标，也不是先进的科学技术，而是安全文化。著名安全专家范维澄院士在谈到建设安全韧性城市、韧性企业时曾经说道：“安全发展的重点，需要在科技、管理、文化三大要素上着手，尤其是不能忽视安全文化建设”。

范维澄院士提到的安全发展三大要素相互关联，相互作用，构成了确保安全的系统。其中安全文化是三要素的灵魂，对于安全管理和安全科技具有重要的引领作用。

## 一、安全文化引领安全管理从心出发

安全行为的规范需要强化安全管理，需要建立和履行一系列安全管理规章制度。但是有些企业的安全管理效能不理想，各种管理制度一大摞，实际效果微乎其微。问题主要出在三个方面：一是单纯依赖安全管理制度的强制推行，以为只有重奖重罚才行之有效；二是总抱怨现有制度不先进，寄希望于通过更换制度来一招定乾坤；三是安全管理缺乏诚信，管理者安全承诺走过场，失去了企业员工和社会的信任。所有原因归根结底，就是不注重从心出发，没有采取有效措施调动全员从内而外的安全生产积极性，没有发挥出安全文化潜移默化的作用。

### 1.只有入脑入心，才能勠力同行

人们常讲制度不是万能的，指的是仅仅依赖制订制度、颁发制度不可能自然生效，关键在于落实。而制度的全面落实靠的是员工发自内心的安全追求，是企业营造出的安全第一、以人为本的安全氛围，而这种氛围的实现需要领导者走入每个员工的内心，才能使现有的制度发挥作用，使管理效能最大化。还有的管理者总是觉得管理失效的原因在于制度陈旧，以为换一套制度就能彻底改变局面，这种想法过于天真。目前实行的大量规章制度都是众多富有经验的一线员工和专家总结而成并经过反复实践行之有效的。所以，问题不在于制度本身，而在于使用不得法。

实践证明，单纯依赖严酷的管理，不深入员工内心难见成效。只有按照安全文化思路进行入脑入心深入工作，同样的监督检查、制度约束和经济措施等手段，方法基本类似，效果会大不相同。例如，实行安全操作旁站式监督管理，有的事先沟通不够，只是简单地人盯人，结果造成盯的人不敢真管，被盯的人情绪对立，双方都不愉快，效果不佳。改成制度约束后以为避免了双方直接对立就可以了，如果只是简单地严令执行，被管理者就感到简单生硬，有一种被压制的感觉，很难长时间有效。改成经济手段奖励惩罚，由于简单地把人看成只认金钱的经济人，忽视高层次需要，时间长了效果同样迅速下降。由于以上这些做法都是外界硬性干预的“要我安全”，没有打动被管理者的内心，所以难见成效。如果从被管理者的角度出发换位思考，效果就会大不同。旁站式监督检查之前先共同分析操作风险，明确防范措施，双方都会心情舒畅。制度约束在颁发同时进行解读，使执行者知其然更知其所以然，执行者就会心悦诚服。经济手段也不能只会重奖重罚，要把员工看作社会人，既要采用物质奖励，还要采用精神鼓励，强调全方位满足需要，使员工从心底认可安全管理，达到“我要安全”。同样的管理措施，可以达到不同的效果。

### 2.只有言而有信，才能落实责任

全员安全生产责任制的落实有赖于诚信文化的保障。诚信是社会主义核心价值观的重要组成部分，也是安全伦理中必不可少的重要一环。诚者不伪，信者不欺，言必信，行必果是诚信文化的核心。安全责任是管理者对于安全行为的郑重承诺，以落实安全责任为内容的安全行为是社会和谐进步的重要表征。诚信是企业义不容辞的社会责任，企业必须主动向员工、社会公开、公示风险、隐患、事故和职业危害等安全信息。企业各个层级全员都要公开作出履职尽责安全承诺。全员安全生产责任制要求企业逐级签订“安全生产责任书”和“安全承诺书”，内容要针对不同岗位的特点，全面、有可操作性，特别要求做到针对安全责任落实和安全承诺落实有严格的考核办法，做好阶段性检查、评价、改进。

安全文化导向企业社会安全责任感的确立。企业是社会构成的基本单元，作为“社会人”，企业必须同时考虑社会的整体利益和长远发展，并自觉履行相应的社会安全责任。安全生产关系到经济社会的平安稳定，承担着为经济社会发展提供安全保障的基本使命，肩负着包括经济发展、社会和谐、家庭幸福、生态平衡等在内的重大责任。企业要与社会相关单位安全资源共享、优势互补、共同发展，企业要全面落实对社会责任的履行。安全文化的水平越高，企业的社会责任感就会越强。

安全文化导向社会责任很重要的方面就是企业对安全的高度重视。随着社会的发展，企业安全已经不仅仅是局限在围墙以内的职业安全了，许多新形成的是职业安全与公共安全交叉叠加的新型安全形式。叠加安全风险不仅会破坏生产系统的稳定性，还会引发公共生产安全事故，伤及相关公共人群安全和损坏公共设备设施。这种叠加风险导致的事故比单纯的公共安全事故具有更大的危害性。由于处于公共场所的当事人对于职业场所引发的危害完全出乎意料而猝不及防，最后导致伤害惨重。通过积极倡导企业安全文化，履行安全承诺，通过与所有关联企业和相邻社区积极协作保安全，促进共同的安全价值观形成，企业安全管理就会得到方方面面一致的认可。

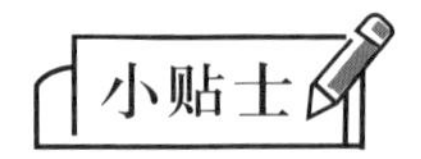


## 安全承诺四步法

安徽江淮汽车集团把承诺作为安全文化建设核心要素，认真做到安全承诺按照“四步法”落实（图2–1）。

第一步是基于自身岗位风险和上下班交通风险进行识别；第二步是上一级对员工承诺审核、把关，对风险进行交流、沟通；第三步是对定稿的承诺目视上墙、公示；第四步是以月度或季度对承诺进行定性和定量评价、绩效沟通、鼓励与改进。安全行为是承诺的外化体现，是员工发自内心的遵循。

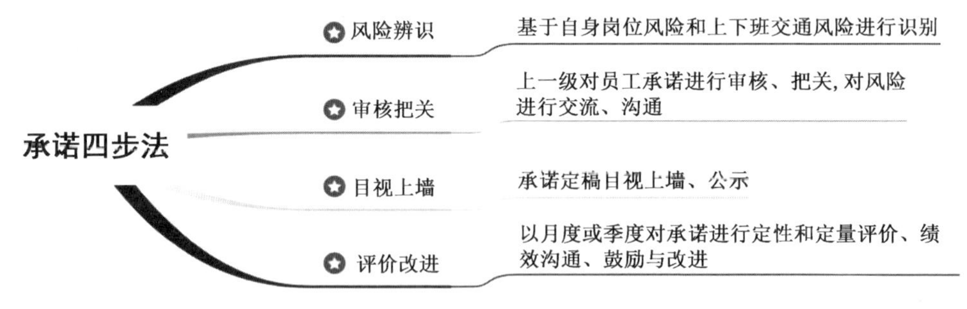


图2–1　江淮汽车集团安全承诺四步法建设

## 二、安全文化引领安全科技守正创新

安全发展离不开安全科学技术与时俱进的有力支撑，安全科学技术进步有赖于安全文化引领的守正与创新。守正就是要正确认识安全科学的本质特征和发展规律，要以安全第一、以人为本为根本原则，从研究人机协调规律入手。创新就是要开辟安全发展的新境界，探索安全发展的新形态，挑战和创造新的科学技术手段，使科学技术创造更符合自然法则，更有益于人的安全操作与健康。

### 1.发动全员参与的设备可靠化

设备可靠化就要做到即使出现一般的操作错误也不会导致人身伤害和设备损坏。例如电气开关的“五防闭锁”，只有从设计、制造、安装、调试到运行、检修状态都可靠，才可以保证即使操作者走错间隔，也无法打开防护门，出现误拉误合开关的失误。

要实现设备可靠化，从设备的研制到报废全生命周期都要保证安全，每一个环节都不能掉以轻心。产品全生命周期安全管理涉及的人员多、周期长、难度大，因此需要调动全员的力量投身其中，通过安全文化方方面面、时时刻刻的全面覆盖，激发产品全生命周期各个环节中所有员工始终如一积极参与的力量。只有在每一个环节都保持浓厚的安全文化氛围，才能对产品全生命全周期中各环节的安全风险进行全面管控。

### 2.立足安全第一的故障安全化

故障安全化，是工业生产运行非常重要的故障导向安全的原则，遵循的是在设备故障时宁肯损失进度或产量也要保障人身安全的安全第一的文化理念。故障安全化指的是在系统发生故障、错误、失效的情况下，系统马上以故障作为指令，切断可能影响安全的设备，减轻以及避免损失，确保运行安全。例如工厂自动化流水线作业，如果发现有人误入设备走行区，感应信号立即启动，流水线就会停止运行，虽然影响了系统运行时间，可能带来经济损失，但是避免了人身伤害事故。再例如铁路运行要根据信号指示，假如信号突然显示为红灯，列控系统就会自动制动。尽管可能是信号设备误动也要停运保安全。

### 3.坚持以人为本的损失最小化

损失最小化，就是要按照以人为本的原则，在设计、制造和安装过程中，都要考虑到严守最后一道防护关口，打开最近一条逃生通道，做到如果事故发生，能够最大限度地减少人身伤害。要在事故发生后，迅速控制局面，防止事故的扩大，避免引发二次事故，从而减少事故造成的损失。常用的减少事故损失的安全技术措施有隔离、设置薄弱环节、防护等。例如，建筑物中的防火隔离门可以做到当局部发生火灾时及时关闭，把损失隔离在尽可能小的范围。交通驾驶员的“一盔一带”和高空作业时的安全带、安全帽等可以在发生事故时成为生命安全的最后一道防线。

“机械化换人、自动化减人、智能化无人”是减免人身伤害的重要的技术措施，但是人们绝不可以对自动化设备一味依赖，无脑使用，避免产生一种新背景下的物本主义观念。任何先进的技术设备都是由人来设计、制造、维护和使用的，任何设备都不可能绝对可靠。如果发生异常，使用者没有充分的技术能力和预判能力，就做不出正确的应急响应，就不能做到使故障安全化、损伤最小化。保障安全的关键是人因安全与物因安全之间的无缝协调，否则新技术就会带来自反性危机。

# 第二节　安全文化凝心聚力和赋能安全

企业安全文化作为企业内全体员工认同的价值观念和行为准则，必然会对职工的一言一行起到指导作用。企业安全文化提倡、崇尚什么，会通过潜移默化的作用，使员工的注意力逐步转向企业所提倡、崇尚的内容，接受共同的价值观念，从而将个人的目标引导到企业目标上来。成功的安全文化可以营造积极健康的文化氛围，为安全生产赋予充足的能量。

## 一、安全文化凝聚团队建设向心力

现代企业管理中的系统管理理论表明，集体力量的大小取决于该组织的凝聚力，凝聚力又取决于全体成员的向心力。组织的凝聚力、向心力不可能通过简单的制度、纪律等刚性约束产生，只有坚决贯彻“安全第一，以人为本”的安全理念，下大力量严格保障相关成员的生命安全、身心健康和经济利益，才能最大限度地凝聚人心，共创安全。

### 1. 凝聚企业员工向心力

保障安全的能量源于组织的凝聚力，凝聚力源于全体成员的向心力。向心力就是团队齐心协力团结的力量。安全文化是“有心场”，其核心就是安全第一、以人为本的理念。企业首先要关注全员的生命安全，为员工创造良好的安全生产环境和氛围，才能达到文化认同，让员工感受到企业关注其安全的程度。安全文化的一项重要作用就是增强全体成员的凝聚力。如果全体成员个体文化凝聚成团队的集体文化，团结就是力量，就能起到恒久推进企业安全的作用。

员工对企业的向心力能否牢固树立，很大程度取决于管理者的承诺能否落实，特别是保障员工生命安全的承诺能否落实。如果安全承诺不能得到落实，员工就不可能心向企业。有的企业领导口头大谈安全第一，但是不能落实到行动上，在实践中仍然是生产进度第一、经济指标第一，当生产进程和安全保障出现冲突时就会放弃安全冒险保产值。这种价值观指导下的安全文化群众不会买账。只有企业奉行“生命至上，安全第一”的理念，视员工生命安全为天，承诺做好各项保障，言行一致地落实对部属安全工作的鼓励才能得到员工的认可，才能形成员工对企业的向心力。增强员工对企业的信赖感和责任感，做到人人以安全生产为己任，无论在哪个岗位，都能以所在团队为荣，都能认识到自己工作的重要性，以尽职尽责为荣。要想做到企业全员心向企业，尽心工作，吸引更多优秀的人才投身本企业建设事业，最基本的保证就是让每一名员工都能“高高兴兴上班来，平平安安回家去”。

## 近悦远来

“近悦远来”是一个成语，出自孔子《论语·子路》。关于“近悦远来”，宋代朱熹曾在《论语集注》卷七中作这样的阐释：“被其泽则悦，闻其风则来。然必近者悦，而后远者来也”。意思是只要关心人、爱护人，使大家心情愉悦，就能凝聚人心，吸引更多有识之士前来。

安全文化可以为员工创造一个安全、和谐的人文环境，拉近企业和员工的距离，增强员工对企业的信任感和归属感，形成全员心系企业安全发展的向心力。安徽省交通控股集团马鞍山高速公路管理中心注意从细微处入手，把家、亲人、集体这三个最能牵动人心的亲情元素引入安全文化建设中。通过亲情安全提示卡、亲情安全文化墙、亲情安全寄语等不同形式的文化载体，营造亲情氛围。做到人心顺，事业安。

### 2. 构建安全利益相关者的生态圈

企业安全生产不是一个孤立的个体，而是与多家安全利益相关者密切联系，如果仅靠一家一户单打独斗，难以应对日益复杂的安全风险，因此，有必要促成企业与社会凝聚成一个安全共同体，形成能量互补、共筑安全、共生共荣的生态圈，才能保证企业自身及利益相关者长治久安。

安全生态圈中的个体之间是一种生态关系，相互联系、相互支撑、相互保障。在生态关系的大环境下，安全管理需要促进所有安全利益相关者加强整体配合，提高安全功效，使所有利益相关者都能感受到生态圈是一个可以互动共生的整体。通过协调配合，可以提高集体协作的功效，提升每一名个体的安全感和使命感。共同铸就的休戚与共良性循环的生态圈，既能保障更广大范围的安全，又能促进企业在安全基础上的良性发展。

安全生态圈从组织结构的角度可分为宏观和微观两类。宏观安全生态圈包括作为法人主体的企业、作为监管主体的政府、作为负责自律的行业，以及合作伙伴、产品用户、所在社区等（图2–2）。微观安全生态圈包括企业自身的生产、安监、思政、人事、工会、财务等各个部门。

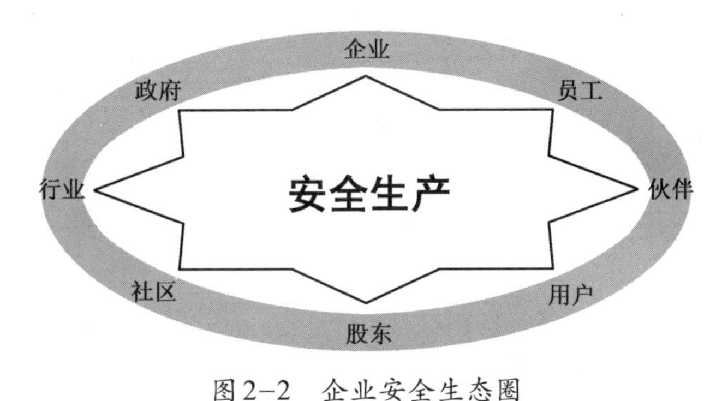


图2–2　企业安全生态圈

安全生态圈将所有利益相关者安全管理业务中常规及通用的模块进行联合协作，通过共享模式来解决各安全利益相关者之间由于信息壁垒、专业差别或沟通时效存在的若干问题，降低不必要的企业资源能量损耗。

安全生态圈的建立，可以最大限度地降低风险数量，最大幅度地提升安全资源利用率，最大程度地提高社会风险抵御水平。

## 二、安全文化激励安全生产的驱动力

蓬勃向上的安全文化可以极大地激励全体员工关注安全、投身安全的前进动力，可以鼓励员工为了做好安全工作努力提高安全素质，规范安全行为，积极创新创造，全身心投入安全生产之中。

### 1. 激发员工提高安全素质的能动性

安全文化导向企业员工安全素质能动性的提高。建设安全文化的过程，就是企业员工安全价值观形成的过程，也是安全素质养成和提高的过程。众所周知，企业安全生产在很大程度上取决于生产一线技术操作人员的安全素养。安全素养一旦形成，员工的安全意识和安全能力也会相应提高，会努力钻研生产过程中需要的安全技术和安全知识，不断提高自己的安全警觉性。

员工安全素养不足主要表现为个体性和群体性的习惯性违章屡禁不绝。在生产活动中，个体性的习惯性违章来自“聪明人”的“发明创造”，集体性的习惯性违章源于单位的安全文化氛围薄弱。当习惯性违章泛滥成灾形成了气候时，简单地采用制度约束难以收效。只有坚持不懈地进行安全文化建设，加大安全教育培训的力度，灌输正确的安全价值理念，才能强化员工的安全意识，促进员工安全文化素质的提高。安全文化无形的约束可以有效规范员工安全生产行为。企业安全文化建设有助于员工从根本上牢固树立安全意识，自觉规范安全行为。在浓烈的安全文化氛围中，能有效地导向企业员工不断充实能量、提高和完善自己。

积极向上的企业安全文化是一把自主设立、自我激励的标尺，通过安全文化设定的尺度，可以对照自己在安全生产中的所作所为，找出差距，改进工作。

### 2. 激发企业安全生产的积极性

企业安全文化建设活动的广泛开展，不断激发企业做好安全管理工作的内生动能，提升了安全文化在企业发展建设中的重要作用，也间接地扩大了企业的社会影响力。企业安全文化建设水平的持续提升和良性发展，在促进安全生产管理中发挥了日益重要的作用。越来越多的企业更加重视发扬安全文化建设在促进安全生产、保障长治久安中的重要作用，充分考虑企业安全文化建设的长期性和持续性，积极学习和广泛运用科学的安全文化评价标准和建设方法，不断提升企业安全文化建设水平。

企业安全文化强调全员对企业安全管理责任目标的认同与共识。当企业安全管理目标与每一名员工的个人目标一致时，也就意味着员工个人目标与企业安全管理目标达到最大的契合，这样就能够极大地激发广大领导、员工们认真落实企业各项安全规章制度齐抓共管，在企业各项安全管理工作中表现出较高的积极性和自觉性，使企业的安全工作面貌发生根本性的变化。

### 3. 激发员工安全生产的创造性

企业安全文化大力倡导以人为本的理念，处处体现了“人才就在企业里，人才与企业一起成长”的观念。企业发动员工广泛参与到企业的安全文化建设中，积极赋予员工创新创业的能量，努力为员工创造施展才能的条件，提供工作环境。企业竞争的核心是人才竞争，企业为员工创造良好的安全教育培训，在提高大家驾驭安全生产的能力的同时，还有助于在安全生产实践中考察识别优秀人才。积极开展创优评先活动，树立安全生产的模范标兵，形成一种学习先进、赶超先进的良好风气。时时、事事为员工的安全、工作、生活考虑，促使员工对企业产生信任感，并自觉地将自己与企业融为一体，从而释放出无穷的干劲。企业安全文化氛围越浓厚，就越能激发员工发挥人的主动性、创造性和智慧，使员工从内心产生一种情绪高昂、奋发进取的效应。

通过采用精神和物质双重激励有机配合的方法，调动员工安全行为的创造性。通过对创造者行为进行正面宣传和强化，使受表彰者以一种愉快的心情继续其行为，并进一步调动广大员工创新创造的积极性，在安全生产迅速发展时，使员工产生作为企业主人翁时不我待的紧迫感，督促员工始终保持积极进取的职业道德与行为习惯。

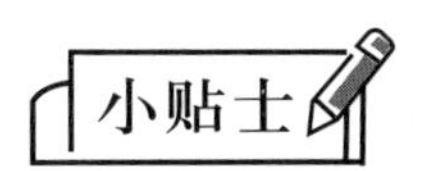


## 造就安全楷模，树立先进榜样

北京中北华宇建筑工程公司为了提高员工安全意识，始终做到“把安全带上岗，把幸福带回家”，注意在员工群体中树立安全生产的先进榜样，实施“造就楷模法”，每年公司评定出安全管理“行业标兵”一名、安全管理“先进个人”十一名、安全“新人进步奖”若干名、“岗位优秀奖”十名。除通过荣誉激励、奖金奖励、增长工资等方式给予嘉奖外，将所有楷模列入公司人才库，当上一级岗位出现空缺时优先递补。

安全文化所产生的场力具有无形性、缓释性和内生性的特点。因其无形，必须高度关注才能切身感受到它的存在，才会有意识地发挥其作用；因其缓释，短期内不会产生立竿见影的效果，必须持之以恒才能厚积薄发；因其内生，需要强化全员内在约束力，调动主动责任感，才能激发出由内而外的动力。企业安全文化建设者只有深刻认识到这三个特性，才能充分发挥安全文化凝聚人心、激发动力、导引方向、引领发展等方面的作用。

# 实践篇

## 纸上得来终觉浅，绝知此事要躬行

“纸上得来终觉浅，绝知此事要躬行”是宋代诗人陆游《冬夜读书示子聿》诗中的两句话，意思是从书本上得到的知识还是比较肤浅的，要透彻地认识事物还必须亲自实践。安全文化建设同样如此。人们所学习的安全文化理论方法等知识都是前人总结提炼而成的，要想在安全生产实践中发挥作用，必须把理论知识应用到实际工作中，真刀真枪地实践。正像陆游另一首诗中告诫儿子的那样，“汝果欲学诗，功夫在诗外”同样说的是实践才能出真知。如果真想写出好诗，就要到实践中去。作为安全工作者，如果不能把在书本上学到的安全文化理论知识应用于实际工作，找不到安全文化建设的基本规律，只是照本宣科式灌输安全知识，死板僵化地套用现成模板，组织大量内容空泛的群体活动，安全文化建设就会流于表面化、形式化。安全文化建设方法是多年来安全界大量的研究和实践经验的总结，只有根据企业实际，深入调动员工发自内心的积极性，才能真正建设好属于本企业的安全文化。

# 第三章
# 企业安全文化建设概述

为了做好安全文化建设，需要明确安全文化建设内容，处理好安全文化建设中的三大关系，清楚安全文化分阶段建设的国内外模式。

# 第一节　安全文化建设

安全文化建设是指通过综合的组织管理等手段使企业的安全文化不断进步和发展的过程。建设安全文化需要多种形式，但是任何形式都是内容的载体，如果只重形式不重内容必然导致安全文化建设步入歧途。只有深入掌握安全文化建设中的理念建设、知识建设和行为建设三部分内容，才能从根本上建设好安全文化。

## 一、安全理念建设——立足人本，从心出发

“安全第一，以人为本”是安全文化建设的核心理念，但是要真正落到实处并不容易。原因在于有的管理者认为“安全第一”与企业利润最大化和生产进度的保障存在冲突，有的员工认为“安全第一”与个人舒适和便捷追求有冲突。这些认识从本质上来看当然不符合安全发展的客观规律，但是要使当事人明白这个缘由，仅仅从大道理上说说是不行的，只有设身处地，以人为本，从心出发，从满足每个人日益增长，不断变化的物质文化需要出发，从增强员工从事安全生产工作的获得感、幸福感和安全感出发，才会使安全与个人发展紧密联系起来，激发出由内而外的动力。

### 1.增强获得感，为员工安全生产树立目标

员工在安全生产工作中的积极参与，应该获得安全投入带来的个人和企业的安全效益，继而激发起更高的安全参与热情。安全效益包含减损效益、增值效益和精神效益三个方面，三者相互依存、相互作用。为了保证员工获得实实在在的安全效益可以设立三种激励方式：一是只要付出了安全投入就会增加经济收入，不仅设立基于结果考核的年终奖、竣工奖，还设立基于过程考核的安全操作奖、隐患排除奖等；二是评选不同层级的安全标兵，开展技术比武和竞赛等，给予安全优秀者相应的工作荣誉，公开表彰；三是创造更多施展安全才能的机会，专门建立工作室，提供场地、设备等条件，鼓励员工把发明创造的合理化建议付诸实施。

### 2.增强幸福感，为员工安全生产奠定基础

幸福感体现在家庭美满、同事友爱、企业和谐等多个方面，所有各个环节的幸福感都与领导干部的安全引领力密切相关。领导应通过关心员工的生活幸福，有效调动多方面的积极因素，使全体员工深刻认识到安全工作能让每一名员工获得更充足、更踏实的幸福感。幸福感又反过来促使员工对身边的幸福感倍加珍惜，更加关注安全。

亲情参与是提升幸福感很重要的组成部分。每个员工都有深厚的家庭情结，很多注重人性化管理的企业，通过亲人寄语、共话安全、温馨全家福等方式，充分发挥员工家属在安全生产中的作用，让员工自觉地把安全生产与家庭幸福联系起来，从对亲人的珍惜出发，增强自我保护的责任感、压力感，进而在行动上杜绝违章操作，防止事故的发生，筑起安全保障的第二道防线。

### 3.增强安全感，为员工安全生产解除后顾之忧

人最宝贵的东西是生命，生命属于人只有一次。安全需要是人类安全活动的基础动力，是人类免受外界伤害的自卫特性，满足生命保障的安全感是每一名员工的基础需要。安全感来自劳动者在生产过程中的切身体验，企业要站在社会责任的高度，强调把保护生命安全摆在首位。

企业要高度重视赋予员工安全权利，不仅要为职工提供就业机会，而且要提供安全可靠、生命无忧的工作岗位。要认真落实《安全生产法》关于保障“从业人员有权了解其作业场所和工作岗位存在的危险因素、防范措施及事故应急措施，有权对本单位的安全生产工作提出建议”，使员工在行使安全权力的同时，促进自身安全感的不断提升。为了保护员工人身安全，许多企业不仅通过制度强调遵章守纪，还采取了多种措施避免员工误操作受到伤害，例如开发了各种工地、车间使用的防护警示标识，制作了防止触电伤害、物体打击、高处坠落等为主要内容的典型事故案例画册、视频和“口袋书”等，还把随着工程进度可能出现的隐患和防范要求在企业APP中及时推出，使安全教育日常化。

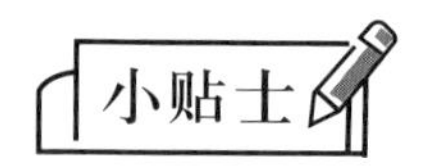


## 字字千金的“五爱”

记忆中有一条安全标语总是让我念念不忘，那是十多年前在山东一家企业见

到的。“爱生命，爱家庭，爱岗位，爱同事，爱企业”，短短十五个字醒目地张贴在墙壁上。文字很浅显，内涵很厚重。字里行间深深浸透了家庭人、企业人、社会人神圣的责任感，可谓字字千金。

“五爱”把“爱生命”放在首位，体现了对生命的敬畏。人最宝贵的东西是生命，生命属于人只有一次。生命是一切一切的前提，可惜总有人忽视安全，贪图一时的便捷和舒适，置安全规程于不顾，甚至用炫耀冒险违章来换取愚昧的赞许。珍惜生命吧，它只有一次精彩，绝不可以彩排。

## 二、安全知识建设——对症下药，扫除盲区

安全知识的充实，是建设安全文化的基础。许多企业深知掌握安全知识是保证安全操作的前提，开展了大量的规程教育和能力训练，但是没有进一步推动知识建设深化发展，存在不对症、不持续、不深入的问题。安全知识建设需要根据企业实际情况，不断更新建设方法，营造起善于研究问题、追根寻源的文化氛围。

### 1. 安全知识建设需要对症下药

安全知识建设的内容和方式的选择要从研究培训对象的特点做起。一般来说，除了经常性、常规性的安全教育以外，尤其要重视对新员工、转岗员工、特种作业员工和外包员工等知识培训。员工的职业基础不同，培训的内容和形式也要不同，不能一套方案用到底。

对于新员工，要针对初入职场存在的安全知识相对空白，安全风险意识相对薄弱问题，首先宣讲企业“安全第一，以人为本”的安全文化理念，明确企业特定的安全管理规定、安全操作规程和基本安全法律法规，增强风险意识，并特别强调识别和防控本企业、本岗位的重大危险因素，避免新员工因为无知无畏导致重大事故的发生。强调培训中注意结合典型事故案例，增加安全生产感性认识。

对于外包企业员工，要根据近年来大量事故来自外包企业的现状，针对大多具有一定工作经验，但是对本企业安全特点并不熟悉，可能把习惯性违章带入本单位的问题，首先要宣讲本企业的安全文化，明确本企业的安全理念。要求做到在“统一标准规范，统一管理流程，统一风险管控，统一评价考核”基础上统一安全文化建设，使承包企业的员工严格执行企业特定的安全管理规定及安全操作规程以增强风险意识，并特别强调识别和防控本企业、本岗位的重大危险因素，避免重大事故的发生。

对于特种作业人员，要根据特种作业岗位存在重大危险源，一旦发生事故后果严重的问题，首先要详细解释岗位危险源安全原理和演化规律，解释特种设备安全操作规程和原理，通过事故案例形象化培训和模拟演练提高风险防控能力，掌握发现异常后的应急处理方法。

#### 2.永不止步，持续建设学习型企业

安全无止境，学习也无止境。不能以为安全状况一时稳定就掉以轻心，安全文化建设取得一些成绩就万事大吉，马放南山了。社会在发展，技术在进步，风险在演化，安全知识的充实必须持之以恒，不断提升。要建设起全员不断钻研风险规律，不断提高安全能力的学习型企业，形成人人学习、天天学习、好学上进的企业风气。

学习型企业规模上的特征是全员学习，时间上的特征是终身学习，即学习安全知识要具有普遍性和持久性。只有不断学习，才能从容应对安全发展中遇到的各类难题，才能在社会发展变革中保持竞争的动力和创新的活力。

要建设学习型企业就要建立在变化中学习的运行机制，促进和保障全员学习的热情和积极性，扫除在各个发展阶段中知识的盲区，找到破解异常变化中难题的办法。第一学会辨识威胁企业安全发展的风险所在和企业自身的脆弱性；第二学会分析、研究和确定风险的性质、类型和程度；第三学会制定应对风险，改进工作的对策；第四学会监控对策实施后的效果，发现新问题不断完善。

### 三、安全行为建设——全员参与，各负其责

安全文化建设的特点，就是要发动全体员工参与到安全生产中来，包括参与安全管理决策和参与安全生产实践。只有做到全员参与才能做到隐患排查管控一个危险源都不会漏网，才能保证不会出现因为一个员工的一项误操作导致事故发生。树立安全生产全员参与意识，关键在于加强全员主人翁责任感。要使员工在参与安全活动中深切体会到集体的信任，感受到团队的认同，增强对安全生产主动关心的意识。

#### 1.参与安全管理决策

参与安全管理决策就是请下级和员工参与到企业工作目标的决策中来，与企业的高层管理者处于平等地位研究、讨论组织中涉及安全决策的安全管理方

针、制度、安全生产作业规程等。全员式管理也称决策沟通，指在不同程度上让全体员工参与到组织的安全决策过程及各级安全管理工作之中。例如2021年实施的《生产经营单位生产安全事故应急预案编制导则》（GB/T 29639—2020）特别强调指出，全员参与是企业安全生产应急预案编制的基础，要避免预案编制成为安全监管部门独立的任务。应急预案和双重预防机制等的编制等安全决策，通过员工代表参与研究和通过职代会、工会等渠道，采用讨论、质疑等方式广泛收集意见和合理化改进建议，认真听取员工的建议和意见，允许他们批评、监督，不仅有效提高决策的科学性，避免片面性，更加强了组织与员工之间的纽带关系，进一步激发员工关心安全的热情，产生更积极的主动性和创造性，为企业实现安全目标提供保证。如果没有员工的广泛参与，安全管理规章制度的功效肯定会大打折扣。

2. 参与安全生产实践

参与安全生产实践就是无论在企业哪个工作岗位工作，都要参与安全生产实践中来，不能认为安全生产只是安全生产监管部门的责任。所有员工都要为安全生产尽心尽力，这是义不容辞的责任。在“安全生产责任制”前冠以“全员”，就是突出强调安全生产的责任是属于企业各个部门所有人员的，一个都不能少。这是对以往某些错误认识的纠偏。

安全绝不仅是安全生产监管部门的责任，所有部门都要在安全生产上发挥各自必不可少的作用。思政部门要从思想导向、文化建设和心理疏导等方面发挥作用；劳动人事部门要从员工安全技术资质审核、人员配备、素质提升等方面提供保障；财务部门要在保障合理的安全资金投入等方面合理安排。特别是生产部门要从保证能量正常释放，避免能量异常释放上下功夫。保证危险能量的正常释放是生产管理，避免危险能量的异常释放是安全管理。能量的两重性决定了管生产必须管安全的双重责任。

生产一线员工实践经验丰富，对生产环境、设备状况、安全防护等了解更全面，在切身所处的生产环境中能够通过建设性的质疑，及时发现各类异常和隐患，为改进安全生产工作提出切合实际的合理化建议。国际原子能组织在早期的安全文化报告中曾特别强调要培养质疑文化，倡导对安全问题严谨质疑的态度。要求每个人在开始任何一项与安全有关的工作前，都要出于探索态度提出一些必要的假设问题。企业要建立机制鼓励全体员工自由报告安全相关问题并且保证不会受到歧视和报复；管理者应及时回应并合理解决员工报告的潜在问题和安全隐患，建立有效的经验反馈体系。

## 别具一格的点子银行

北京市金佰利公司为激励员工在隐患排查中全员积极参与，踊跃投入，特设立了别具一格的“点子银行”。员工将随时发现的隐患及相应的整改建议“存入”银行，为企业及时整改、提升安全效益贡献一点一滴的力量。企业给积极在“点子银行”出谋划策的员工颁发“金点子”“点石成金”等多种安全奖项。“点子银行”设立刚刚9个月，就累计得到报告“几乎事件”等隐患排查建议726件，及时整改率达到95%以上，真正起到了“点石成金”的重要作用。大家都说“全员参与之下，我们的工作环境越来越安全了”。

# 第二节　安全文化建设中的三个关系

安全文化建设是系统工程，不可能简单地通过建章立制、会议灌输或者大造声势就可以立竿见影，必须做到多种方法协调统一，采用综合管理手段，才能收到理想的效果。要做好安全文化建设必须首先处理好三个关系，即安全文化建设与养成的关系、违章约束与遵章张扬的关系、务虚与务实的关系。

## 一、建设与养成不可或缺

有人说，文化只能养成，不能建设。这种说法在某种文化情景之下可能有其道理，但并不适用于安全文化的形成。这要从本能行为到文化现象的演化过程谈起。

### 1.本能行为演化的两个走向

人的本能需要是与生俱来的，粗略地说包括果腹防寒、喜怒哀乐等。本能行为外在表现有两个文化走向：一个走向是纯属个人所好，无关他人需求，例如吃辣吃酸、喝茶饮酒、穿红穿绿等，只要无碍他人，不会有人干涉；另一个走向则会与他人利害产生关联，例如酒后驾车上路、横穿禁行场地等，由于会影响到他人的生命安全或社会的有序运行，必须予以干预。因此对于本能行为可能演化的文化取向，需要根据是否有利于社会公序良俗，所持态度要有所不同。无碍公序良俗的本能文化可以任其自行养成，影响到公序良俗的文化则需要施加外力干预，进行有意识的建设，并做到边建设边养成。

### 2.安全文化需要建设

由于人们具有追求舒适便捷的本能，而这与安全生产强制性的规范要求存在明显距离，所以安全文化不能简单地靠自然养成，而要加强建设。

必须看到，由于现代化工业生产需要大量使用威胁到人身安全的危险能量和危险物质作为动力或原料，为了保障人身安全和生产的有序运行，企业一定要建立按部就班的秩序，这些秩序带有一定的强制性，属于“强势文化”。企业必须通过改进生产条件降低风险，同时还要采用刚性的制度确保员工“不越雷池半步”，使得处于风险环境的人群认可严格管控的必要性，形成安全第一价值观和行为规范，并通过不断的渗透和影响，而后成为组织中个人和集体的行为习惯。

#### 3. 安全文化需要养成

这里谈到的安全文化养成，不是指无须建设的自然养成，而是指边建设边养成。

持久稳定的安全文化需要每一名成员具备三种力量，包括安全信念的自导力、安全伦理的自律力和安全心理的自激力。这三种力量是发自每一名成员自身的内力，只有这三种力形成合力，才能对员工的精神状态产生长久影响，促进企业安全发展，提高企业核心竞争力。由于这三种力量发自肺腑，由内而外，所以需要企业从个人到集体都要在安全习惯养成的过程中不断成长，从要我安全提升到我要安全。良好习惯的养成靠深入的思想渗透，靠安全价值观一点一滴、天长日久的积累。只有入脑入心，才能起到“随风潜入夜，润物细无声”的作用，才能在安全生产活动中养成持之以恒的文化力量。

#### 4. 安全文化建设与养成相得益彰

安全文化建设需要主动干预、积极推进，但是不能揠苗助长、越俎代庖，为建设而建设。安全文化氛围需要积极营造，开展丰富多彩的文化活动完全必要，但是要注意避免重形式，不重内涵，特别是不能采用运动式的方法来推动，也不能指望简单地依靠文化设施就能转变违章习惯，严格的安全制度不可以须臾放松。

安全文化养成需要潜移默化、循序渐进，但是不能消极等待、放任自流。安全文化的养成有赖于春风化雨般的润物细无声，又需要持之以恒时不我待的积极干预。要使安全文化根植于组织中每个层次所有个人的思想和行动中，形成与规章制度硬约束并行的自觉自愿软约束，动员全员发自内心地为提高企业安全水平而积极奉献。

## 二、务虚与务实密切结合

安全文化是务虚，安全生产是务实。安全文化建设不能虚实脱节，一定要在安全生产实践工作中落地，在全体员工的思想深处生根。安全文化的务虚与安全生产的务实必须相辅相成。安全文化建设只有落地生根接地气，才能高屋建瓴导方向。

### 1. 不能把安全文化建成空中楼阁

安全文化建设以务虚主导，但是绝不能一虚到底，做表面文章，而是要讲究实用，追求实效。有的企业对安全文化理解不深入，就像雾里看花，感觉无从下手，拿不出有效的办法，上级要求了就动一动，走走过场，搞一阵风，安全文化与安全生产各行其道，成为“两张皮”。有的企业认为安全文化建设就是形象工程，片面追求标新立异，拿来一些模板简单生搬硬套，口号喊得很响亮，专栏做得很漂亮，声势搞得很浩大，实际不符合本企业实际，进展和效果不尽如人意。还有的企业由于所做的创建工作脱离企业财政实际，脱离员工思想实际，贪大求洋，劳民伤财，上面热火朝天，下面冷眼旁观，运动式的造标杆行为必然冲击安全生产，造成企业和员工的额外负担，引发员工抵触情绪。远离生产实际的安全文化创建活动必然成为空中楼阁。

### 2. 推进安全管理效能最大化

有一种观点认为保障安全生产安全文化太软，见效太慢，还是要靠硬的管理措施，包括现场监督、奖励惩罚等手段。在这种严格的安全管理模式下，安全水平确实可以得到提高，但是时间一久效果就会大打折扣，安全生产局面就会出现波动。于是有的管理者又认为管理制度有问题，总想通过更换新的办法来改变面貌，结果就是制度堆积如山，效果仍然不尽如人意。他们没有注意到，根本问题在于安全管理工作不只是需要有完善齐全的各项规章制度，更需要在企业内部营造出一种和谐的文化氛围，充分发挥人在企业安全生产中的主导地位和能动性。只有这样才能确保各项安全措施的落实，员工自觉自愿遵守规章才能实现安全管理的根本目标，使“安全第一，以人为本”的理念在企业安全生产的实际工作中真正落地。企业风险分级管控、隐患排查治理和应急响应等一系列安全活动中必须在凝聚人心、激发内力情境下才能发挥出应有的保障作用。

安全管理和安全文化是两个不同的概念，有不同的内涵。安全管理需要建立种种规章制度以保障安全生产，但是建立了规章制度并不代表就建成了安全文化，安全文化的功能是通过调动全员的积极性，使各项规章制度效能最大化。

安全文化关注点在于企业安全生产的背景如何，安全氛围如何，建立什么样的安全管理措施切合实际，如何使员工充分理解安全措施的内涵和作用，怎样才能使全员心甘情愿地将措施落到实处，充分发挥作用。安全文化的核心是发挥文化保障安全的实质作用，将文化的力量渗透到每一项安全活动之中，导引员工的安全行为。

## 三、约束与弘扬相辅相成

安全文化建设包括约束违章和弘扬遵章两类相辅相成的工作，两者应该实现有机结合，既大力遏止违章文化，更充分肯定和弘扬遵章文化，形成浓郁的扬长治短、强基守正的文化氛围。

### 1.对违章行为介入约束

违章行为是安全生产的大敌，违章行为的矫正是许多企业非常头疼的大问题。常见的违章行为有个体习惯性违章和群体流行性违章，对于这些违章行为如果管控不力，任由其顽固存在甚至蔓延，就会在企业中形成违章有理的文化现象。对这些有悖于安全生产需要的图省事、走捷径等习惯性危险行为，不能指望仅凭大刀阔斧的制度管控就能一扫而空，必须同时旗帜鲜明地运用强大的安全文化手段介入约束，例如制作违章警示标牌、拍摄情景重现视频、无惩罚自愿报告宣讲等，对于摒除劣习、治理顽疾，都可以取得很好的效果。

### 2.对遵章行为介入弘扬

有的企业只重视治理违章，不重视弘扬遵章，大会小会只谈治理违章，似乎员工都在伺机违章，这是不切合实际的，也有违文化导引正气的初衷。必须看到企业员工中的绝大多数是遵章守纪的。对这些有助于企业安全生产有序运行、能规避风险并防患于未然等的安全行为，需要介入弘扬创造。

为了使遵章守纪成为企业全体员工不懈追求的主流文化，企业要致力建设适应本企业实际的文化环境，既要注意阻塞违章合理这扇门，更要打开遵章光荣这扇门，不仅要“治短”，更要“扬长”，这是安全文化建设相辅相成的两个方向。遵章行为的典型表现为个体遵章的自觉性和群体遵章的时尚性，这种趋同向善的风气可以树立起关爱生命，关注安全的正风正气，形成遵章守纪的安全文化。

弘扬正气必须谠言直声，摒弃听天由命、违章有理的消极风气。做法可以多种多样。例如树立多类型的安全标兵，请先进员工宣讲安全经验，不但对安全生产长周期进行结果性安全奖励，更要注重坚持常年如一日遵章守纪的过程性安全奖励等。

# 第三节　安全生产可视化管理

安全生产可视化管理是企业安全文化建设的重要组成部分。安全生产可视化管理以色彩、图形、音像等艺术性的视觉（听觉）感知信息为手段，以直观化为原则，通过在生产现场营造出的浓郁安全文化氛围，吸引注意，促进理解，加深记忆，引导行为，将安全理念、安全意识和安全规范等安全生产工作要求迅速传递到人的视听接收器官，避免不安全行为的发生，推动自主管理，提升企业立体化安全管理水平。

## 一、安全生产可视化管理原则

安全生产可视化管理需要遵循适用性原则、可识别性原则、多样性原则和均衡性原则。

### 1. 适用性原则

适用性原则指在适合的场所使用适合的文化手段来进行安全生产的信息传播活动。安全文化传播手段的效果要根据受众特点、驻足时间、环境条件、媒介性质等进行评估排序，考虑适用范围，因地制宜地运用才能使安全文化环境建设的效果达到最佳。

### 2. 可识别性原则

可视化管理的手段必须具有可识别性，无论是文字符号还是图形符号，都应能够使其符号要素易于接受和理解，并足够醒目。展示方式要符合受众在工作进程中识别和理解的习惯，观察距离要从观察者能否辨识角度考虑，过远过近、过大过小都可能影响有关安全操作的实施。

3.多样性原则

多样性原则指在安全文化的建设区域内，不应拘泥于某一两种文化传播手段，应采取多种多样有变化的灵活手段，考虑静态、动态、色彩、形状等多种方式，避免千篇一律。还应该根据具体情况的变化及时更换，既避免跟不上环境变化，又避免存留时间过长令人熟视无睹。

4.均衡性原则

均衡性原则指首先要突出重点，同时要兼顾全面。要根据在安全生产中重要性的不同，对区域进行相应划分。一般可将区域划分为重要、次重要、一般三个等级，在具体的建设过程中对重点安全建设区域加以重点打造，但也不能忽略了一般建设区域的安全文化环境建设。只有这样才可以做到整个企业安全生产。

## 二、安全生产可视化管理常用方法

为了使无形的安全信息便于理解，严谨的操作规程不出疏漏，安全行业针对可视化管理建立了安全色、安全标志等一系列规则、标准和安全看板、安全专栏等直观方法，使错综复杂的安全生产需求转变为一目了然的可视化信息，使员工易于接受和记忆，便于实施执行。

1.安全色

安全生产可视化管理需要采用符合安全色要求的各种色彩感知信息来组织现场安全生产活动，用以提高员工安全意识。安全色是表达安全信息含义的颜色，表示禁止、指令、警告、提示等，目的是使人们能够迅速发现或分辨安全标志和提醒人们注意，以防发生事故。安全色包括红色、蓝色、黄色和绿色，以及红白间隔条纹和黄黑间隔条纹等。

红色：表示禁止、停止。红色引人注目，使人在心理上会产生兴奋感和刺激感，适用于禁止标志、停止信号、禁止人们触动的部位。机器设备上危险的器件、设备或环境，紧急停止手柄或按钮，以及禁止触动的部位，通常都涂以红色的标签。红色光波波长较长，不易散射，传送距离比较远，易于引起远距离注意，交通路口停止信号灯、消防设备均使用红色。

蓝色：表示指令、必须遵守的规定。蓝色属于冷色调，通常表现为理性、严谨、深沉、冷静，适用于指令、标志等。例如必须穿工作服，必须戴防护眼镜，必须戴安全帽，必须系安全带，必须加锁，车辆鸣笛提示等。

黄色：表示警告、注意。黄色属于亮色，特别容易引人注意，适用于警告标志、警戒标志、机械传动部位等。例如危险警告标志，交通障碍标志，厂区、车间内车行道与人行道地面间隔标志，有落差的台阶，防护栏杆，以及小心地滑，当心弧光，雨天路滑等。

绿色：表示标志、安全状态、通行。绿色是植物的颜色，代表生命和生命的状态，象征宁静、安定、舒适，适用于标示标志、安全通道、通行标志、消防设备和其他安全防护设备的位置。例如紧急出口、滑动开门、疏散通道、避险处等。

红白间隔条纹：表示禁止通过。红白间隔条纹颜色对比度强烈，引人注目，适用于现场防护栏杆、安全网、支撑杆。

黄黑间隔条纹：表示警告危险。黄黑相间的条纹识认性非常高，适用于洞口防护、安全防护、吊车吊钩的滑轮架等。

### 2. 安全标志

安全标志是用于表达特定安全信息的标志，由图形符号、安全色、几何形状、括号边框或文字构成。常用的安全标志包括禁止标志、警告标志、指令标志和提示标志。在什么位置设置什么标志，要提前进行精准的判断和测算，标志的类别、位置、大小、色调等要符合安全生产现场需要。标志的含义需要在安全看板或安全手册中进行必要说明。

禁止标志的基本含义是禁止人们不安全行为的图形标志。禁止标志的基本形式是带斜杠的圆边框。例如禁止烟火、禁止转动、禁止跨越、禁止攀登等。

警告标志的基本含义是提醒人们对周围环境引起注意，以避免可能发生危险的图形标志。警告标志的基本形式是正三角形边框。例如注意安全、当心火灾、当心爆炸、当心滑跌、当心绊倒等。

指令标志的基本含义是强制人们必须作出某种动作，或采用防范措施的图形标志。指令标志基本形式是圆形边框，例如必须戴防护眼镜、必须戴防毒面具、必须戴防尘口罩、必须戴护耳器、必须戴安全帽等。

提示标志的基本含义是向人们提供某种信息，如标明安全设施或场所等的图形标志。提示标志的基本形式是正方形边框，例如紧急出口、可动火区、避险处等。图3–1为辽河金马油田阀门标志牌，由于属于关键操作设备，不仅要加锁，还要悬挂禁止操作的标志牌，做明确警示。

图3-1　辽河金马油田阀门标志牌

3. 安全看板

安全看板是目视管理的重要工具，主要用于传递信息、规范行为、强化记忆、树立形象等，采用不同颜色和模式。安全看板的用途是提高安全意识，指导安全行为。

常用的安全看板有岗位安全看板、入场安全看板、危险场所安全看板和安全标牌等。安全看板由几何形状、括号边框或文字构成。看板的详略、大小、材质、位置得当，够用为准，一切都是为安全生产服务的。

岗位安全看板的主要内容是安全生产职责、安全生产标准、隐患对照检查表、危险源（点）提示、风险等级、防控风险流程和应急响应办法等。目的是让作业人员熟悉岗位安全要求，通过自我对照检查，实行严格的岗位安全管理。岗位安全看板主要摆放在工作岗位旁。

入场安全看板的主要内容是全场安全风险类型、重大风险位置、风险等级、入场须知、防控办法、责任内容、责任单位和当天目前的安全注意事项或通知等。目的是让全场工作人员明晰全部工作场所的主要风险，提高共防风险意识和防控方法。摆放在工作场所入口处等。

危险场所安全看板的主要内容是场所风险布局图、危险内容、危险等级、禁止事项、关联重要操作注意事项、责任内容、责任人员等。目的是让外来人员特别是作业人员清晰了解风险所在区域、风险等级的高低和风险防控方法。危险场所安全看板摆放在易燃易爆物品存放场所、配电箱及高压线防护架、受限空间等危险性较大的工作场所入口处。

安全标牌的内容是对企业安全文化理念、规范的提炼或员工在生产实践中编创的警句格言，可安置于企业的生产作业区、室外墙壁路旁等区域。主要目的是通过言简意赅的宣传使企业员工感受到强烈的安全气氛，从而进一步减少事故发生率。安全标牌可视面积较小，因此字数不宜过多。

4.安全文化专栏

常用的安全文化专栏有安全理念专栏、先进榜样专栏、安全警示专栏和全员参与专栏等。这些专栏可以单独设置，也可以将所有栏目组合在一起，制作成安全文化长廊。

安全理念专栏主要介绍企业安全文化历程、安全理念解读等。通过把难以理解、不易记忆的概念转换为可视化的图文并茂形式或流媒体形式，可以使安全文化的思想理念更加容易走进员工的头脑，有助于提高安全素质，振奋精神、统一行动。安全理念专栏要贴近工作、符合实际、深入群众，才能营造出浓厚的安全文化氛围。

先进榜样专栏的主要内容包括安全先进人物的事迹介绍和他们在防风险、除隐患、遏事故中总结出的经验。目标是形成崇尚先进、争当先进、学习先进的良好氛围。树立安全先进榜样，就是对提高安全意识和安全能力追求的认可，是对为安全生产作出突出贡献个人价值的认可，对于激发安全生产的积极性和创造性具有重要意义和作用。

安全警示专栏也称警钟长鸣专栏，主要内容为各种安全事故案例分析、事故原因剖析和事故后的改进措施等，其目的在于通过案例起到警示作用，增强员工安全意识，促进互相学习和交流，对企业职工进行安全教育负强化。安全警示专栏可设置在生产作业区入口和厂办入口处，安全警示专栏应该定期更新。

全员参与专栏是为员工积极参与为安全生产献计献策开辟的一个具有现实意义的园地。园地应该鼓励所有员工随时提出安全生产改革建议，并及时对所有“金点子”给出处理意见，激发员工关注安全的积极性。园地还可以定期举办安全知识竞赛和安全书画展。全员参与包括员工亲属的参与、亲属的安全寄语、子女的亲情画册，都可以充分体现出企业的人文关怀。

安全生产可视化管理是为安全生产服务的，不能喧宾夺主。制作模式要从企业自身的历史传承、行业特点和场地特点出发，不同企业要各具特色，不能千篇一律。所采用载体的规模和标准不能贪大求洋，够用为准，过犹不及。

# 第四节　5S管理的安全文化意义

5S管理是可视化安全管理中一个重要的运维模式，指在生产现场中对人员、机器、材料、方法等生产要素和工作习惯进行有效的管理。

5S，即整理（Seiri）、整顿（Seition）、清理（Seiso）、清洁（Seiketsu）、修养（Shitsuke），因其日语的罗马拼音均以“S”开头，所以简称为“5S”。我国安全界将5S管理与定置化管理相结合，按照人的生理、心理、工作效率和安全相结合的需求，实现人与环境和设备、设施的最佳结合，规范作业空间，调理人机关系，整治安全场景，并在此基础上提高置身其中员工的安全素养，确保安全生产运行。

## 一、5S管理营造企业安全风貌

5S的字面含义并不复杂，每一词都关联安全生产。

整理就是“分清有用无用”。如果生产现场的工器具、原材料等不管有用无用，是不是必需品，杂乱无章胡乱堆放，既影响操作行走，又影响设备运行和产品的洁净要求。所以必须根据安全操作规程需要开出清单，分清有用无用。

整顿就是“用的位置确定”。保证所有必需品都根据工作需要使用频率和必要取用时间放置到位，资料整齐有序，物品有条有理，能迅速取出立即使用，把寻找必需品的时间减少为零，以免该用的时候贻误时机，影响操作，造成生产安全事故。

清理就是“无用物品腾清”。现场不能放置任何非必需品，各种无用物品都要彻底清除，清除通行障碍，避免碰撞发生。物品井然有序，消除混料差错，不仅节约了操作空间，更减少了安全隐患。

清洁就是“保证整洁环境”。保证工作场所无垃圾、无尘埃，场地、设备、设施、看板、标牌、工具架、橱柜等都洁净。整洁的环境会使员工心情舒畅，工作热情高涨。努力实现人与环境，人与设备的和合相谐，避免因烦躁不安而触发事故。

修养就是“促进修身养性”。要通过持续推动5S，激发员工的工作热情和责任感、归属感，养成众人的家园共同创建一丝不苟的工作习惯。苟日新，日日新，又日新，形成温馨愉悦的工作氛围，净化众人心灵，提高安全素养。5S要素关系示意如图3-2所示。

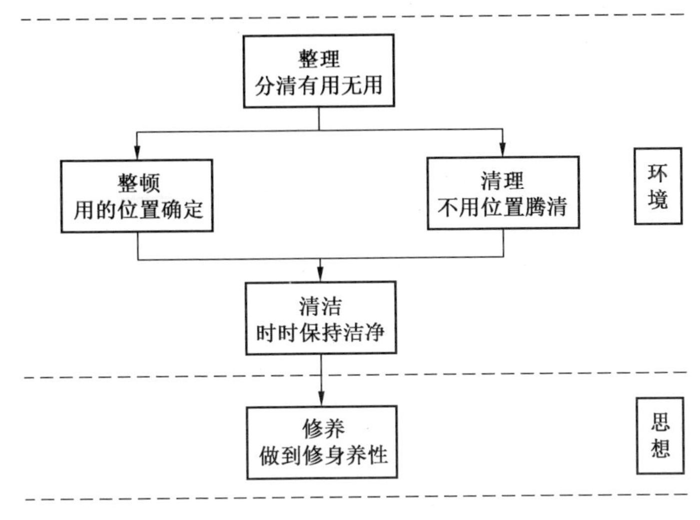


图3-2　5S要素关系示意图

## 二、5S管理的推行要领

5S管理涉及工作内容繁多，保持难度很大，需要全员持续付出极大的努力。为了使现场推行取得实效，广州华润热电有限公司、一汽模具制造有限公司、国能集团新朔铁路公司等做了大量工作，取得了一系列可喜成果。

### 1. 整理的推行要领

以分清对于安全作业是否有用、如何使用为出发点，按照场地内物品使用时间、频率等进行判别，将按照标准确定的有用无用的物品名称和处置方法列表。

有用的物品示例：正常的设备、机器、照明或电气装置；附属设备（工作台、物料架等）；正常使用中的工具、夹具等；常使用的工作桌、工作椅；尚有使用价值的消耗用品；垫板、胶桶、油桶、塑料篮、防尘用品；使用中的垃圾箱（桶）、垃圾袋、清洁用品；使用中的样品；办公用品、文具；目视板、看板、美化用的海报等；消防设施、安全标识；有用的文件、图纸、作业指导书、报表、记录等；饮水机等。

无用的物品示例：不再使用及不堪使用的设备、工夹具、模具；不再使用的办公用品；破旧废弃的纸箱、抹布、包装物、垃圾桶；不再使用的桌子、凳子或柜子；破旧的书籍、报纸；老旧无用的报表、账本；无用须丢弃的劳保用品；过时的公告物、标识、标语、信息；过时失效的上墙规程；不再使用的配线、配管等。

必需与非必需物品区分方法（广州华润热电有限公司）见表3-1。

**表3-1　必需与非必需物品区分方法（广州华润热电有限公司）**

| 类别 | 使用频度 | 处理方法 | 备注 |
| --- | --- | --- | --- |
| 必需物品 | 每小时 | 放工作台上或随身携带 | |
| | 每天 | 现场存放（工作台附近） | |
| | 每周 | 现场存放 | |
| 非必需物品 | 每月 | 仓库储存 | |
| | 三个月 | 仓库储存 | 定期检查 |
| | 半年 | 仓库储存 | 定期检查 |
| | 一年 | 仓库储存（封存） | 定期检查 |
| | 两年 | 仓库储存（封存） | 定期检查 |
| | 近期不用 | 仓库储存 | 定期检查 |

2. 整顿的推行要领

以便于查找、便于取放、保证安全为出发点，确定原材料、零件、半成品、成品、工器具等物品放置场所和取放方法，作出标识，划线定位。

整顿环节中很重要的工作是设备设施按照人机工程科学准确定位，避免错出错进。工作内容包括明确物品名称及用途；决定物品容易取用的放置场地；物品的放置方法能保证顺利地进出；清楚明了地表示出应该进行维持保养的机能部位；标明设备是否按要求的性能、速度正常运转；标识出计量仪器类的正常范围、异常范围、管理限界；醒目标志工作场所的地势高低、输送管道内液体温度高低；设备的紧急停止按钮设置在方便操作位置；作业区域内的走行交叉之处标志要醒目等。

在整顿过程中需要特别强调危险化学品必须储存在专用仓库、专用场地，并设专人管理；储存危险化学品的库房警示标识标志醒目、清晰，完备防火防漏措施。危险废物必须分类、单独存放，存放容器（器具）应满足防渗、防漏等要求，存放场地应具有防盗、防晒、防雨淋等功能。

3. 清理的推行要领

以作业场所内无任何可能干扰到安全作业的杂物都清理干净为出发点，建立责任区域，进行全面清理，并建立标准的日常清理机制。

要全面检查工作场所需要清理的场地、物品；厂房内外部道路和通道要保证畅通无阻，对于影响人车通行的障碍要及时清除；对于超出合格期限、变质变形的物品和闲置、报废的物品要及时清除；对于质量存疑的物品，混杂放置的物品要认真筛选，舍弃多余的物品；工业垃圾和生活垃圾清理要及时、彻底，分类处理；垃圾箱定置摆放，不污染场地和台面；要格外关注卫生死角和存在安全隐患的所有地点；要定期不定期检查管线是否出现老化、泄漏、开裂等现象，一旦发现问题要及时维修或更换；不符合现场实际需要的安全警示标志、标识要及时撤除；消防器材、抢险设备区域要保证无遮挡。

4. 清洁的推行要领

以保持作业场所环境洁净，空气达标为出发点，把环境、设备保养与清扫密切结合，认真调查和治理污染来源，保持环境、物品和作业人员的清洁。

要建立标准的清洁保障机制，将场地、设备清扫与环境、设备巡查和保养等结合起来；如果发现破损污渍现象，要及时调查污染来源，及时治理；要保持设备、设施干净整洁，标识清晰、完好，看板标牌无污损；设备台面及内部没有与作业无关的任何物品；道路清洁，无违规堆积物品，无油渍、污渍；场地和设备设施工作状态要及时检测，保证符合空气质量、声音、光照等环境卫生标准。

5. 修养的推行要领

以养成员工安全习惯、提高安全修养为目的，通过制订和遵循礼仪守则，加强思想激励，促进安全意识的提升，在人育环境的活动中实现环境育人。

制订环境建设和修养提高同步计划；建设整洁工作环境，营造良好文化氛围；按照工作岗位制式着装，提高员工对企业的归属感；注重通过良好规整洁净的环境改善和提高企业形象的作用；通过井然有序的工作场所培养员工严谨规范的安全素质；认识到良好的精神风貌、环境品相和人的素质相互作用；通过场地网格化管理做到责任到人，促使每位网格责任人提高责任感；实施考核评比，促进员工不断创新求变，增加组织的活力。

小贴士

## 办公室定置化管理建设“美丽准池”

图3–3　办公室定置化管理现场

国家能源集团新朔准池铁路公司通过5S目视化管理方式强化安全文化理念宣传和意识提升，起到时时提醒、时时监督、时时激励的作用。

公司结合本单位实际情况，重新制作办公区域物品定置图，实行物品定置化管理，全面塑造公司良好形象，做到各类办公用品整齐摆放，卫生清洁，切实打造整洁舒适、安定有序的生产生活环境。图3–3为办公室定置化管理现场。

# 第四章 员工安全心理促进系统构建

以人为本是安全文化的核心理念。为了做到以人为本，不仅需要坚持安全为了人，把保障人的生命安全，维护人的职业发展作为首要任务，而且还要认识到安全必须依靠人，依靠人正确的安全意识、积极的安全心理与行为。

为了进一步加强安全心理管理，保障安全发展，2021版《安全生产法》第四十四条特别增加了以下内容：“生产经营单位应当关注从业人员的身体、心理状况和行为习惯，加强对从业人员的心理疏导、精神慰藉，严格落实岗位安全生产责任，防范从业人员行为异常导致事故发生。”

安全心理管理是保障安全的重要举措，由于员工普遍存在心理活动私密性考虑，如果心理干预不得法，工作很可能陷入伦理困境。为了使员工放下顾虑，敞开心扉，亟须营造从心出发的安全文化氛围，建立安全心理促进系统，从研判大家都关心的违章心理起步，循序渐进地为安全生产注入强劲的心理动力。

# 第一节　安全心理的职业适性

正确的安全行为主要靠积极的安全心理来保证，错误的行为很可能来自错误的心理支撑。违章操作有什么心理原因，安全心理与安全行为如何关联，安全心理的职业适应性是什么，都需要深入研究。

## 一、安全心理职业适性分析

### 1. 事故倾向心理

事故倾向心理是指一定时期内、特定环境下，可能导致事故发生的特定的心理素质。

事故倾向心理既是稳定的，也是可变的。事故倾向心理与所从事的职业和所处环境和时间密切关联。

首先，事故倾向心理与所从事的职业行为特点相关，在某些岗位有事故倾向，在另外的岗位可能没有事故倾向。不同的职业具有不同的性格特质，不同的个体心理影响对职业的适应性，一定心理特质的人适于从事一定性格特质的职业。

其次，事故倾向心理在一定时期、特定环境下才会激发，不是一直存在的。所以，事故倾向心理是指在特定环境下潜在的诱发事故的心理素质特征，是一种“特性—环境”关联模型，即：某种稳定的心理特性在特定的环境条件下容易被高度激发而诱发事故。

由于事故倾向心理是可变的，所以不能将具有事故倾向心理的人贴上事故倾向人的标签，这有违人发展的权利。事故倾向心理可以调控，只要调理得当就可以消减或消除。

事故倾向心理研究的主要目的是甄别哪些心理在哪些环境下易发事故，有针对性地筛选、调整工作岗位，培训、指导心理行为，降低事故的发生率。

### 2. 安全生产职业适性

由于个体心理特质与所从事的职业特点具有重要的安全相关性，所以有必要对两者之间的适应性进行有针对性的研究。一方面可以指导职业选择，努力做到提前匹配；另一方面还要看到由于完全匹配的不现实，需要对从业者存在的不适应性，特别是事故倾向心理进行相应的调理、训练和管控。

安全生产职业适性研究基于从业者和职业岗位两方面特征分析。就从业者而言，由于先天遗传和后天成长环境的不同，决定了心理特征和天才禀赋的不同，导致了职业意向与职业特质的不同。就职业工作而言，由于岗位劳动内容的不同，决定了劳动形式的不同，导致了职业对生理、心理和知识结构要求的不同。职业要求与从事相应职业人的职业意向、职业特质应该互相适宜，当两者相适宜的时候生产最安全，不相适宜的时候就可能产生事故倾向，容易导致事故发生。特别是安全生产的关键岗位更是如此。在生产运行的人、机、环系统中，作业者与所从事的工作两者相互适宜是系统安全稳定的必要条件。安全职业适性模型如图4–1所示。

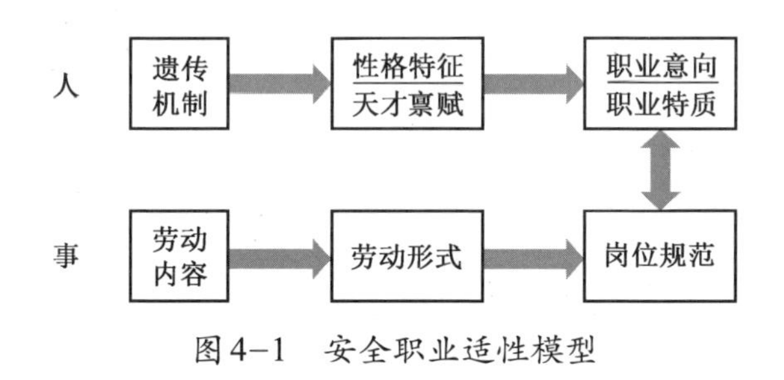


图4–1　安全职业适性模型

## 二、违章行为的主动与非主动心理特征

在治理违章中，有的企业习惯于一刀切，认为所有事故倾向心理都是由于共性的责任心不足导致的，这不符合实际。要解决违章问题，先要研究违章者的心理动因，然后再对症下药，不能不分青红皂白就下结论。作者曾对273起人因违章事故进行过逐项分析，发现事故倾向心理中既有主动心理原因，也有非主动心理原因，两者比例大约是6.5∶3.5。主动和非主动两种原因不属于同一种性质，解决问题的方法当然也不相同。

### 1. 主动违章心理特征

主动违章心理可称为明知故犯型，主要指在生产过程中明知不该，为了省时、省力、炫耀、逆反等目的，有意识地不严格遵守或者违反安全操作规程和有关法律法规的动作或行为，属于安全生产责任心缺失，即理性违章。主动违章心理主要表现为侥幸心理、取巧心理、冒险心理和逆反心理等。

主动违章心理特征主要有两点：一是主动违章常常是“知其不可为而为之”。他们一般都明了相关规章制度的规定，清楚行为所具有的危险性及其与规章制度的对抗性和行为的危险后果，但仍旧执意为之；二是主动违章经常“自以为是”，他们大都不相信安全规程的科学性，出于对自己某种期望的追求，理性地选择了自以为巧妙合理的行为。他们自认为有一套经过计算得出的“合理”违章理由，盲目自信，与安全科学背道而驰。

### 2.非主动违章心理特点

非主动违章心理可称为身不由己型，即由于体力、精力及知识、心智能力的有限性而产生的不自觉差错行为。员工虽然有安全生产的愿望，但是面对各种各样的生产信息不能正确应对，只是力所能及地作出了令自己相对满意，结果却有悖于追求安全生产的决策，导致了非理性违章。非主动型违章的心理主要表现为懈怠心理、草率心理、从众心理和慌乱心理等。例如，在从事责任重大的操作时手忙脚乱，到了安全生产长周期的关键时候就胆战心惊，到了特定的工作时间就打不起精神等。

非主动违章心理特征有两点：一是非主动违章心理多数是由于安全认知能力不足导致的。这种一般不属于主观故意，下意识的行为有人就解释成“鬼使神差”，这当然是不正确的。科学的解释是这些莫名其妙的违章源于有限理性，即由于心智能力的有限和需求信息的不充分，使得人虽然主观上追求理性，但客观上只能有限地做到这一点，所以难以作出“最佳决策”。二是非主动违章心理常与企业安全文化的大气候密切相关，当非正式群体的违章行为形成气候时，一些缺乏主见不明是非的人就会随大流，盲目追随。

# 第二节 员工安全心理促进系统

为了对员工的违章心理动因进行干预和疏导，作者开发建立了员工安全心理促进系统（Employee Safety Advance Program，ESAP）。员工安全心理促进系统从国际流行的用以维护员工心理健康的员工帮助计划（Employee Assistance Program，EAP）发展而来，是安全心理学理论用于安全生产实践的研究成果，是一项通过加强生产一线工作人员的心理健康促进安全生产的系统性的心理疏导系统。

员工安全心理促进系统旨在通过及时掌握员工心理变化的规律，因地制宜地进行心理干预，矫正各种影响安全的不良心理，改变消极情绪为积极态度，促进安全生产中人的心理健康，消除不安全因素，提升安全生产水平。

## 一、员工安全心理促进系统的实施原则

员工安全心理促进系统能否取得预期效果与实施过程密不可分，因此，在实施中要遵循相应的原则。

### 1. 系统性原则

员工安全心理促进系统的实施是一项系统性工作。在实施过程中，应当统筹兼顾，系统地考察安全生产中岗位的职业要求、生产的设备与环境，人员的心理与行为等各种元素的自身特点和相互联系，不能孤立地就事论事。

### 2. 持之以恒原则

对心理问题的关注和安全心理的提升都不是一时的努力就可以把握的，因此，员工安全心理促进系统要求持续性，心理咨询、辅导、培训等相关工作要长期坚持下去。

3.保密原则

员工安全心理促进系统的实施过程中触及人员的内心问题，为了使每个成员能够切实做到敞开心扉，保证系统切实产生有效的帮助，保密原则是必须遵守的。

## 二、员工安全心理促进系统的运行模式

员工安全心理促进系统实施流程主要分为5个步骤，如图4-2所示。

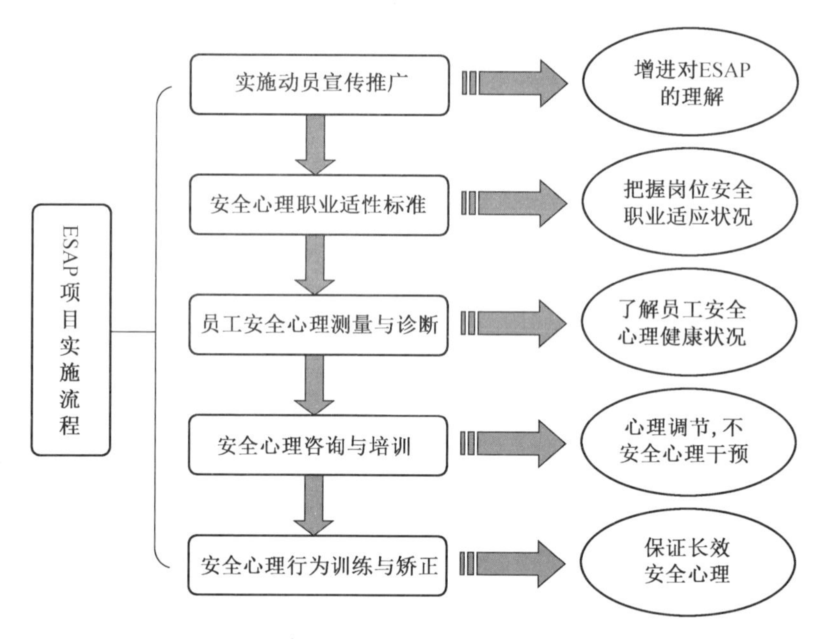


图4-2　员工安全心理促进系统实施流程

第一步，实施动员宣传推广。员工安全心理促进系统需要全员参与，但是由于大部分员工对于员工安全心理促进系统比较生疏，接受起来困难比较大，所以项目启动时要做大量的宣传推广工作，争取企业内部的安全管理者和员工最大限度地了解系统的内涵、做法和作用，取得领导和员工的信任，为工作的顺利推进奠定基础。

宣传推广工作要注意以下方面：一是在工作的深度上，要深入员工的内心，不能浅尝辄止。项目的管理者要与企业员工真正共情，真诚相待。二是在工作的广度上，要覆盖到全员，取得全员的广泛关注和支持，避免由于部分人员存在抵

触心理产生更广泛的影响。三是在工作的时长上，要持之以恒，只有坚持不懈才能取得效果，如果一曝十寒，还没有养成习惯就松懈，必然出现反复，导致前功尽弃。

第二步，员工安全心理职业适性标准建立。针对不同岗位建立员工安全心理职业适性标准，这是ESAP系统实施的基础。只有标准建立了，才能够对不同岗位的安全心理职业适性进行评价和诊断，才能正确把握员工的安全心理状况。

职业适性标准的建立需要特别关注两点：一是由于不同行业、不同岗位对安全心理的要求不同，所以职业适性标准必须符合行业特点和岗位特点。二是一般职业岗位和特种职业岗位安全心理要求不同，职业适性标准也不同。一般职业适性指从事一般职业所需要的基本生理、心理素质特征，应该设立通用标准。特种职业指容易发生事故，对操作者本人、他人的安全健康及设备、设施的安全可能造成重大危害的职业。特种职业岗位适性指从事某一特定职业所需要具备的特殊生理、心理器质特征。特种职业岗位适性标准一般包括通用标准和特定标准。

第三步，安全心理职业适性测量与诊断。对员工进行职业适性的调查、测量和诊断的方式包括问卷、面谈和技术测量等手段，考察员工的情感倾向、性格特征，特别是包括注意力、观察力、思维力、预想力和记忆力的认知能力等，区分出主动违章心理和非主动违章心理。

安全心理职业适性测量与诊断的目的在于了解员工在安全意识树立、隐患排查治理、安全知识储备、安全风险管控和生产安全事故预判等方面整体安全心理条件，重点把握员工的心理素养与安全生产的关系，判定员工心理类型，确定安全心理咨询和培训的内容，通过仪器检测、测量量表、深度交谈等方式，检测员工安全态度、复杂反应判断能力、注意力、观察力、记忆力和事故预想等能力。

第四步，安全心理咨询与培训。心理咨询以员工的安全心理评估和员工的安全心理职业适性诊断为基础。

人具有可塑性，通过学习与培训，人的能力和身心素质可以有很大的提高，以更好地适应特定的工作。针对员工在生产中由于挫折、压力、紧张等心理问题而导致的影响安全的种种不良表现，及时采取相应措施，开通“安全心理咨询热线”，采用培训、面谈、网络和电话等多种方式提供及时的集体讲座和个体心理咨询，从而有效地解决影响安全生产的不良心理问题。通过内外结合等多种方式使员工学会有效的自我心理保健知识与技能，随时缓解压力、疏导不良情绪、提高心理健康状况，以更加健康和积极的状态投入工作，最终提高员工的安全工作绩效，避免事故或危险的发生。

考虑到生产安全事故的发生给当事人带来的巨大心理压力，需要及时对员工的事故后心理做好重建、关怀和辅导工作，而不能只是处理完事故责任者就简单了事。

第五步，安全心理行为训练与矫正。针对员工安全心理和行为存在的不足，通过安全心理行为训练与矫正，提升员工安全职业能力，矫正违章心理，进一步提高安全操作水平。

安全生产对人的心理期望、反应能力、判断准确性、手脚协调能力、应急能力等都有着特殊的要求，系统对安全生产职业能力要予以充分关注，并针对发自主观期望的主动违章心理与源于认知能力不足等的非主动违章心理，设计两种不同的安全职业技能训练与矫正方案，以提升安全生产人员的安全操作水平。

主动违章心理的共性特点比较多，可以采用本章第三节所述的双维并进的方法管理，非主动违章心理种类比较多，其中多数非主动心理来自认知能力缺失，本章第四节简要介绍认知能力的矫正思路。另外部分非主动违章来自工作压力、疲劳和情绪等，已经有比较成熟的管理方法，不再赘述。

员工安全心理促进系统将安全管理中严格的制度约束、绩效考核与春风化雨式的人文关怀、心理疏导有机结合，消除员工对安全制度、规定的抵触情绪，强化和促进安全行为，削弱和减少不安全行为，不断提升安全管理水平。

# 第三节　主动违章心理矫正的双维并进方法

主动违章者铤而走险，一般是基于两个初始判断：一是通过违章可以获得益处，如果没有益处就不违章了；二是这样做成功的概率比较高，如果违章一次失败一次基本上就不会再违章了。这种获益加概率的违章动力关系，可以用期望值理论来解释。

## 一、期望值理论与需求动机

### （一）期望值理论

期望值理论指出，某一活动对某人的激励力量取决于他所能得到结果的全部预期价值乘以他认为达成该结果的期望概率，公式如下：

$$M = VE$$

其中 $M$ 是激发动力、$V$ 是预期价值、$E$ 是达成概率。

这个公式表达的是激发动力 $M$ 与预期价值 $V$ 和达成概率 $E$ 之间的正比例关系。期望值理论说明了一个简单但是深刻的道理，人们在理性地做某一件事之前常常会先算一笔账，看看做这件事能给自己带来多少好处，容易不容易实现。好处越多，越容易实现，做这件事的动力越大。如果带来的是损失或非常难以成功，动力就会打折扣甚至消失。正是违章者预期价值的诱惑和“违章不一定出事”的概率判断，决定了违章者铤而走险。

### （二）需求动机分析

根据期望值理论，人的许多行为是具有目标性的，而行为是由需要产生动机来支配的。由于受多方面条件的影响，人们实现目标的方式也不一样。人的消极情绪体验环境因素越大，则意味着促使违章的激发力越大。反之，情绪体验的环境因素越小，则违章的行为越小。这种心理承受能力因人而异，除了与当时的特定环境有关外，还与个性及文化素质等许多因素有关，但更与人的需要心理有关。

在生产活动中，安全需要是第一位的，是占优势的需要，然而这种优势并不是一成不变的。当安全需要占优势时，人可能会自觉地调整自己的行为，严格遵守规章，安全需要才能够得到满足。当安全需要不占优势时，其优势地位会被其他方面的需要所取代，因而会出现某些对安全不利的行为，具体来说有以下几个方面。

1.安全需要

安全需要是指人们在生产活动中不遭遇风险的一种需要，尽管每个生产活动参与者都有很强的安全需要，但对如何保证其自身的安全，在行为上经常采取错误的做法，很多人不惜违章一试以致遇险，发生生产安全事故。

2.预知需要

人在参与生产活动的过程中，总是希望预先了解诸如生产特征、生产活动条件和环境条件等方面的有关信息，如果没有得到所需要的信息，就可能增加其紧张情绪，影响人的反应时间和反应的准确性，从而对安全不利。

3.自我实现需要

这种需要表现为个人充分发挥自己的潜力，不断充实自己，不断完善自己，使自己达到完美无缺的境地。在生产活动中，人们时时都需要对于自身的能力，诸如反应能力、判断能力、动作协调能力等进行判断，如果盲目相信自己的能力，并且迫切需要得到证实，这种自我实现需要占主导，安全需要被削弱。

4.独立需要

人们经常希望在生产活动过程中尽可能不受约束，在时间和空间上随意安排自己的活动。约束有许多种，无论何种约束都是针对人的行为而言的。既然是约束，人们就会产生一种脱离约束的需要。于是，就会出现诸如闯红灯、跨越安全护栏等违章行为。

5.尊重需要

尊重包括自尊和受到他人的尊重。自尊得到满足会使人相信自己的力量，从而有利于发挥自己的潜力。缺乏自尊会使人自卑，使人没有信心去处理面临的问题。如果自尊演化为无底线的通过冒险自我实现需要，安全需要处于次要地位，故会出现生产活动违章现象。

### 6. 节约时间需要

在生产活动过程中节约时间非常必要。在日常生活中，人们都非常计较时间的花费，为了少花时间会寻找最近的路线和最便捷的方式，很少更多地关心是否违章，是否有危险。

### 7. 习惯需要

习惯是一种自动化的行为活动，是在活动多次反复的基础上逐渐形成的，而且是在不知不觉中形成的。习惯一般是无意识的，不受目的支配，只要遇到某种情况就一定会出现，因此，在一定的情况下，习惯需要如果得不到满足，就会感到不安，还会有一种失落感。

### 8. 舒适需要

舒适需要是指人们不管采用何种生产活动方式，都能够最省力、舒适地到达目的地的一种心理需要。对于只追求个人方便的人来讲，走捷径、省力则是其实现舒适性的一种重要手段，因此，这种需要就更迫切，他们常常为了省力而将各种限制置于脑后。

当多个需要并存时，往往强度最大的需要具有优势动机，形成行动的驱动力。从主观上讲，没有人希望事故降临到自己头上，然而在客观现实中，常常存在更具诱惑力的刺激，引发人们对其更强烈的需要，并因此取代了安全需要的优势地位。

人们之所以违章是因为其外在的诱惑是省力或省时，其内在条件则是主观上具有这种需要与欲望。需要是否转化为动机，主要取决于人对违章的风险与既得利益的比较。当人主观认为违章风险小而既得利益大时，需要便形成违章的动机。

## 二、双维并进管理模型

针对违章者的主动心理动因，管理者要削减其动力，就要设法削减违章所获得的收益，降低违章成功的概率。与此相对，要想增强员工遵章的动力，就要设法增强遵章所获得的收益，提高获得收益的概率。

基于期望理论，主动违章心理的管理思路可以形象化概括为如图4–3所示的安全动力转化二维（期望收益、成功概率）四项（冲销违章收益、设置违章障碍、增加遵章收益、打开遵章通道）模型。

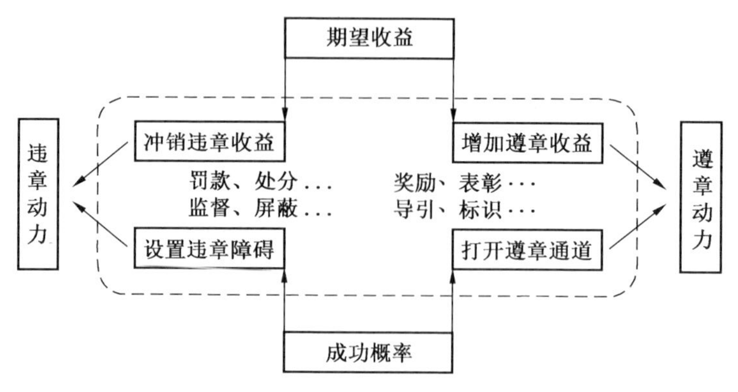


图4-3　主动违章双维并进管理模型

运用主动违章双维并进管理模型可以分别从期望收益和成功概率两个方面，提出降低违章动力和提升遵章动力的管理措施。

### 1.降低违章动力的措施

降低违章动力包括降低违章收益和阻碍违章成功两项措施。

抑制某种行为的发生必须降低效价或者期望值。绝大多数违章行为的根源在于制度上的不完善或者制度落实的不到位，制度与措施的漏洞在很大程度上增加了行为者违章的效价或者期望值。因此，为了从根源上——行为者自身减少或者杜绝违章行为，必须严格违章管理的措施，加强对违章行为的监督，并在严格违章考核的同时不断推进违章考核的科学化和合理化。

针对违章可能获益的问题，需要对违章者强化事故后果的悲惨印象，并施以经济惩处，冲减违章获得的冒险心理体验和省时省力的益处，提高违章付出的经济和心理挫折的代价。

阻碍违章易于成功的问题，需要强调生命价值，说明安全风险即使低概率也要高保障的原则，采取增加监控手段和增设违章阻碍的方法来降低概率。

### 2.提升遵章动力的措施

提升遵章动力的措施包括提高收益和促进成功两项措施。相对于降低违章动力而言，企业在提升遵章动力方面的措施比较薄弱，尤其是在提高遵章收益方面还有相当大的差距。

提高遵章收益确实存在一些难度。由于企业安全考核经常是半年或年终一次，所以员工的安全收益只有半年或一年才获得一次，这种收益是持续遵章累积的结果，很难和平时作业安全效果挂钩。这种考核方式使得安全收益存在滞后性和隐形性两个问题，不利于促进日常安全行为。安全奖本应是安全嘉奖的正激励，但是通常变为违章扣奖的负激励，在心理感受上失去了鼓励遵章的正能量作用，建议改为日常化遵章随时奖励的过程管理方法。这种方法看似复杂，实际实施并不难。相当多的企业都装置了物联网，功能主要是监控违章。只要转变思路，把视角放在发现遵章、鼓励遵章上，根据安全操作行为定奖励即可。

促进遵章成功的关键在于打开遵章通道，主要通过鲜明的标识对于遵章行为进行正确导引，这方面已经有很多好做法。例如5S管理、可视化管理和多防闭锁等技术手段，可以使作业人员进入作业区域顺理成章地按照正确流程工作，避免失误。需要注意的是管理中不要简单化地依赖技术手段，必须强调教育职工提升遵章的自觉性，做到主动遵章，并明了技术措施原理，知其然还要知其所以然。

### 3.全面提高反违章意识

实施双维并进管理模型必须立足员工的理解和自觉落实，不能简单操作。行为者采取某种行为的效价与其主观动机、个体意识、价值观等密切相关。通过加强对违章者的教育和培训，提高员工的反违章意识和遵章价值倾向，将会有效地降低员工违章的效价，从而减少违章行为。为此，可以加强遵章价值观的宣传和对遵章守规者的奖励，培育“遵章光荣”的风气。需要指出的是，对违章者的惩罚不能只是物质处罚；同样，对遵章者的奖励，也未必全部是物质奖励，通过表扬、认可、尊重等方法从心理上让遵章者获取一定的激励并影响违章者，是增加遵章行为效价、降低违章行为效价的有力途径。

虽然有意识违章管理起来难度很大，但是只要掌握科学的管理方法，从期望收益和成功概率两个方面双管齐下：一方面通过努力冲销违章收益，设置违章障碍，来降低违章动力；另一方面通过设法增加遵章收益，打开遵章通道，来提升遵章动力，安全效果定能扎实提升。

小贴士

## 公司办学校，全员学安全

国家电网浙江杭州市萧山区供电有限公司开办安全学校，设有安全体检大厅、VR体验教室、伤残体验教室、员工关爱教室、亲情长廊、温情书房、仿真培训教室和安全讲堂八大功能区块，以多维度、大视野、广覆盖、全景式的安全教育为根本属性，实现交互式体验、场景化教学、柔性化管理、智能化支撑和一体化运作。建设建成全体员工安全素质测评、安全教育学习、安全互动演练和安全仿真培训的主阵地，教育引导员工树立正确的安全价值观、培育健康的安全心理、培养规范的安全行为，从而营造良好的安全氛围，实现企业的长治久安。安全学校八大功能区如图4–4所示。

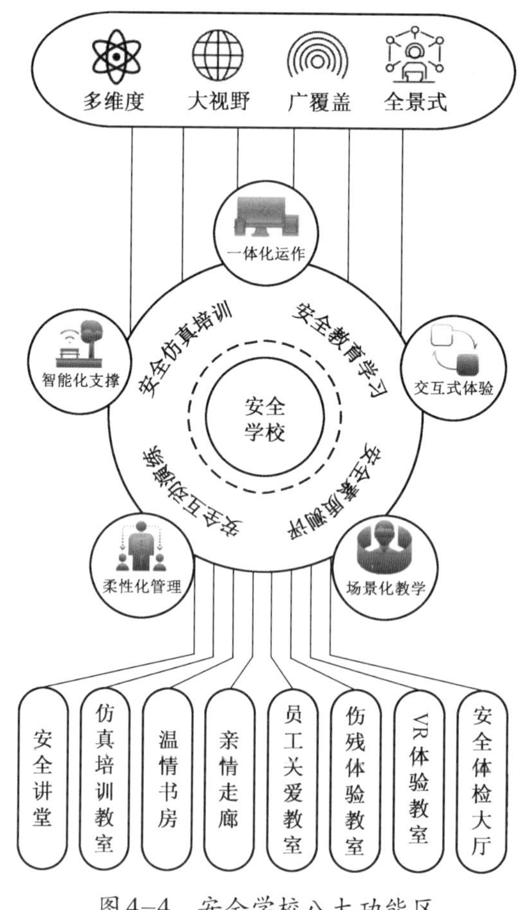


图4–4　安全学校八大功能区

# 第四节　认知能力缺失违章心理矫正思路

在非主动违章心理中人的认知特质是重要因素。认知特质主要表现在注意力、观察力、记忆力、思维力和预想力等方面。认知特质不同，信息加工的质量不同，所导致的行为方式不同。生产当中大量不安全行为就是由于信息加工过程中输入或判断等一些环节的失误而引起的误操作。

## 一、提高注意力，锚定风险点

### 1.安全生产中的注意力

注意力是指心理意识在某一时刻对一定对象的指向与集中的状态。

注意力是安全生产中十分重要的特质，在多项特质测量中，注意力综合排序最高，见表4–1。因此，对于安全生产中的风险点，即事故的多发点、易发点，必须锚定注意力的指向，掌握本质，保持警惕。

**表 4–1　多项特质测量排序**

| 特质 | 应有素质 | 事故缺失 | 难控素质 | 综合 |
| --- | --- | --- | --- | --- |
| 注意力 | 2 | 1 | 2 | 1 |
| 准确性 | 1 | 3 | 4 | 2 |
| 快速反应 | 3 | 5 | 1 | 3 |
| 熟练性 | 4 | 4 | 5 | 5 |
| 判断力 | 5 | 2 | 3 | 4 |

安全生产中的注意力包括有意注意与无意注意。有意注意是指有预定目的，必要时需通过努力而产生的“注意”。例如，现场作业时按照规程检查设备、按

照程序操纵机器、留意观察各种显示器和周围环境等。无意注意是指没有自觉的目的，未加任何努力，由环境变化引起的注意。例如，强烈的光线、巨大的声响、浓郁的气味、新奇的外形等都容易引起人们的无意注意。无论是有意注意还是无意注意都可以通过训练提高。

### 2.注意力的训练

注意力的训练内容主要包括专注性训练、持久性训练和广泛性训练。

专注性训练就是要把精力完全集中到正在注意的对象上。提高注意力专注性首先要提高同时对比能力。当多种刺激物同时出现时，要通过强化关注目标的刺激性引起注意。提高注意力专注性还要提高同时继时对比能力。当多种刺激物先后出现时，要注意屏蔽前者无用信号，避免前者刺激削弱后者刺激。

持久性训练的目的是持久稳定地保持对目标的注意。生产运行中状况多变，必须保持持久注意，才能保证安全。注意力持久性不好往往与主体的意志力薄弱、情绪不稳定等因素有关，因此要加强意志锻炼和干扰训练法，干扰刺激从小到大，训练时间从短到长，学习任务从易到难。

广泛性训练的目的是要做到注意力多点合理分配，不遗漏有用信息。电力生产涉及众多因素，只有全面关注才能保证安全生产，否则就会顾此失彼。注意力转移是导致生产安全事故发生的重要原因。改善注意力分散可以通过提高主体的自我控制能力和整体思维、知觉能力来实现。

避免注意力分散是加强注意力的外部干预手段。要做到日常操作中减少无计划的临时性操作。做好操作前的准备工作，包括工器具的准备，以及与各有关部门之间的协调，缩短在操作现场等待、确认时间，以减少注意力的无故损耗。

## 二、提高观察力，减少盲目性

### 1.安全生产中的观察力

观察力是指一种有目的、有计划的知觉通过观察发现事物典型特征的能力。

在生产中由于观察判断失误而造成的工伤事故较多，其中纯属没有或无法感知到客观信号的只占少数。大量事故都因不注意观察现场各种危险信号变化和协同操作而导致。不观察、盲目操作很容易造成事故。事故隐患是有某种特征的，只有认真观察，才可以发现症结，对症下药。通过对一个大型企业下属两个地方企业进行的测量结果，说明了安全记录优劣与观察力水平密切相关。安全记录对照组观察力比较见表4–2。

表4–2　安全记录对照组观察力比较

%

| 对照组 | 优秀 | 良好 | 中等 | 较差 |
| --- | --- | --- | --- | --- |
| 安全记录差组 | 0 | 14.3 | 58.2 | 26.5 |
| 安全记录优组 | 7.7 | 15.4 | 51.3 | 25.6 |

观察力失误主要来自观察盲目，即观察的目的性不强，识别能力不够；感官缺陷，即不能全面感知，以偏概全；认知滞后，即感知到的信息和原储备的记忆信息对比判别延迟。

### 2.观察力的训练

训练内容包括提高识别能力，即善于提取观察对象典型特征；掌握感知规律，即把控观察对象的信号强度、背景差异和整体特征。

提高观察力的做法主要有三点：

一是准备充分。透彻了解观察对象的主要特征，以充实的知识为基础，以便更精细地感知。例如排查消防隐患，必须掌握火灾发生的三个因素的基本原理，才能有针对性地查找火源、易燃物及相关点。

二是及时总结。每次观察之后都要通过整理观察的结果，巩固取得的知识。总结不同信息状态可能带来的风险和信号缺乏或信号冗余对于操作者可能形成的不同效应及产生的后果。

三是观察力与注意力互为因果相辅相成。观察力的训练要与注意力的训练相结合。

## 三、提高记忆力，扩大安全知识储备

### 1.安全生产中的记忆力

记忆力是人脑对过去经历过事物的反映，是认知能力的储存器。

经过注意和图样辨识的信息会被送到记忆系统以编码的形式储存，记忆是将知觉过程输入的讯息加以保存，并能将经过处理、整理与储存的材料再予唤起或予以辨识。

记忆力与安全生产有着非常紧密的关系，员工工作记忆能力的强弱直接决定了安全技能的熟练程度和安全认知的敏感性。现代企业是知识密集型、技术密集型的企业，在复杂的工作中需要记忆大量安全生产的规章、知识、技能，但由于记忆能力的个体差异，有时不能及时准确地反应和操作，导致事故发生。提高记忆力，对于安全生产至关重要。只有牢记安全操作规程，才能保证安全操作。

2.记忆力训练

意义记忆：在所有水平上影响记忆。如歌谣、口诀、图片等。
分类记忆：信息的分类组织对记忆能力有影响。
联想记忆：将要记的信息与已准确记住的信息联系起来。
特征记忆：总结提炼典型的特征信息记忆。
关键词记忆：提取出关键词记忆，串起来组成完整的记忆材料。

## 四、提高思维力，掌握风险演化规律

1.安全生产中的思维力

思维力是指人脑对客观事物本质特征及内在规律的反应能力。

企业安全生产对于员工的思维力要求很高，无论是在检修还是在运行过程中遇到警示信息，都需要员工迅速准确地判断并作出正确的反应，因此，员工在工作中对各种情况的考虑是否周密，判断是否正确，决定是否及时，是安全生产的关键。思维力是安全生产岗位人员重要的认知能力。

思维失误主要有两类：推理失误和决策失误。

推理是由一个或几个已知的判断推出新的判断或结论的过程。正确的推理有赖于扎实的知识储备、丰富的经验积累和快速的反应功底。推理的失误多受主观经验及心理定势影响，或者遇危险紧张所致。

决策是通过分析、比较、选优，对行动策略或者方法作出决定的过程。决策失误的主要表现包括决定错误、缺乏弹性和时间延误。对一些决策水平要求较高的岗位，必须通过职业选拔选择合适的人才。

2.思维力训练

思维力训练的目的是提高思维的广阔性、深刻性、独立性、灵活性和敏捷性。

安全生产中正确的判断，来自对客观事物全面的感知，以及在此基础上积极、准确的思维。错误的判断来自掌握的材料不充分，记忆、分析、判断能力不足，以及决策水平不足；分析不透彻，不能找准要害；没有当机立断的魄力，或者草率下结论。

员工安全思维能力促进应该注重逻辑能力训练，提高思维的严谨性。在面对需要决策的目标时，充分考虑各种可能，找到问题的核心层、中间层、关联层的关键，程序化地选择正确的判断依据和决策方案。

## 五、提高预想力，强化危险点预控

### 1.安全生产中的预想力

预想力是指人脑中对已有的表象进行加工改造，形成新的形象的心理过程。预想力是认知能力的翅膀。

随着科学技术的发展，安全风险更加复杂多变，需要从管理者到全体员工在面对各种变化时必须具有很强的事故预想能力。要富有探索精神，敢于提出工作中可能发生的重大疑难问题和解决方法，能从生产中发现的每一个蛛丝马迹联想到可能出现的安全问题，能从一个操作联系到下一个操作存在的危险点，并加以注意和采取必要的措施，保障安全生产。

### 2.预想力训练

危险点预想的目的是防止人为失误而发生事故。为作出正确的预想，首先要防止认知环节中存在障碍。认知环境障碍主要来自信息不充分、判断不准确和态度不积极。

解决信息不充分的问题，需要立足已知的安全科学理论，大量了解和研究已经发生的事故案例，分门别类梳理事故的类型特点，找到直接原因、间接原因和根本原因，以及各种原因之间的联系纽带，根据已有案例提出新的设想。

解决判断不准确的问题，需要按照失误发展的逻辑关系，根据科学规律，发挥思维潜能，科学再造想象，正确创造想象。在知觉材料的基础上针对多种可能提出有针对性的解决方案，在多方案比较分析后创造出新的思路。

解决态度不积极的问题，需要增强风险意识，认识到“凡事预则立，不预则废”的道理。危险点预想需要有自觉性，并作出意志努力。危险点预想是危险点预控的前期准备，要在成功预想基础上，把管结果变为管因素，管目标变为管过程。

安全心理与行为的研究表明，人的行为与认知能力特质有着密切的关系，而人的安全认知能力水平的高低，反映了事故预防与应对能力的强弱。要提高安全水平，必须强化安全认知能力的提升。

# 第五章 安全文化阶段性建设模式

安全文化的动态化特点，决定了安全文化水平可能向高处发展，也可能向低处滑坡。安全文化水平升高还是下滑虽然与外界环境、管理机制、技术更改和人员构成等多种原因相关，但是主要取决于企业自身是否付出了相应的努力。为了使安全文化水平步步升高，国内外多家企业和研究机构创建了多种分阶段提升的模式。

# 第一节 国外安全文化阶段性建设模式

为了引导安全文化循序渐进发展，国外安全界进行了多年的研究，提出了多种模式。

## 一、国际原子能机构的三阶段设想

在《发展核活动中的安全文化》一书中，国际原子能机构将安全文化的发展划分为3个阶段：第一阶段，只以规则和条例为基础的安全；第二阶段，将良好的安全绩效作为组织的重要目标；第三阶段，安全绩效持续改进。在不同的安全文化阶段，员工存在不同的工作态度、思维习惯等无形的特性，这些无形的特性会自然地导出有形的表现，这些有形的表现就成为衡量安全文化发展不同阶段的诸多特征。

第一个阶段是只以规则和条例为基础的安全。在这一阶段从事与核相关工作的人员是被法规所驱动的，安全是来自外部的要求，在很大程度上被认为是一个技术范畴的问题，认为只要遵循规则和法规就足够了，而犯错误的人只是因为其未能遵守规则而受到责备；这个阶段的特征是对问题或者事故没有预测，当问题或者事故发生后被动响应，几乎都在考虑如何满足法规程序的要求，对出差错人员的指责仅仅局限于没有按照法规程序办事，安全成为额外的负担，工作人员之间没有相互的交流和学习。

第二个阶段是良好的安全绩效已经成为组织的一个目标。处在该阶段的组织在没有安全法规和安全当局管理压力的情况下，就能够认识到安全是重要的组织目标，开始对自己和他人的行为逐步关注，安全管理涵盖了技术范畴和程序范畴，开始自发地重视安全业绩，并且开始寻找一些管理措施达到预期目标；该阶段的主要特征是管理主要集中在日常事务上，缺乏战略管理，对差错的响应职责减少，开始加强培训和控制，部门之间互相鼓励交流，但是仍然缺乏相互信任，上下级之间同样缺乏信任和尊重，该阶段对文化的理解加深了，但依旧不理解为何达不到预期的绩效。

第三个阶段已经发展到安全绩效总是能够改进的。在该阶段，组织采用了持续改进和学习型组织的概念，并应用到安全方面，强调交流、培训、管理模式和如何提高效率与有效性，人们开始了解文化对安全的影响。这个阶段的主要特征是组织开始制订战略管理，能够预测可能发生的问题，防患于未然，安全与生产被看成互相依靠、互为依从的关系，组织重视内外部的交流和学习，上下级之间互相尊重和配合，组织成员清楚了解文化因素的影响，并在关键决策中考虑这些因素。

## 二、杜邦公司的四阶段模式

杜邦公司认为安全文化建设从初级到高级要经历四个阶段（图5–1）。第一阶段，自然本能阶段。企业和员工对安全的重视仅仅是一种自然本能保护的反应，安全承诺仅仅是口头上的，安全完全依靠人的本能。这个阶段事故率很高。第二阶段，严格监督阶段。企业已经建立必要的安全管理系统和规章制度，各级管理层知道自己的安全责任，并作出安全承诺。但没有重视对员工安全意识的培养，员工处于从属和被动的状态，害怕被纪律处分而遵守规章制度，执行制度没

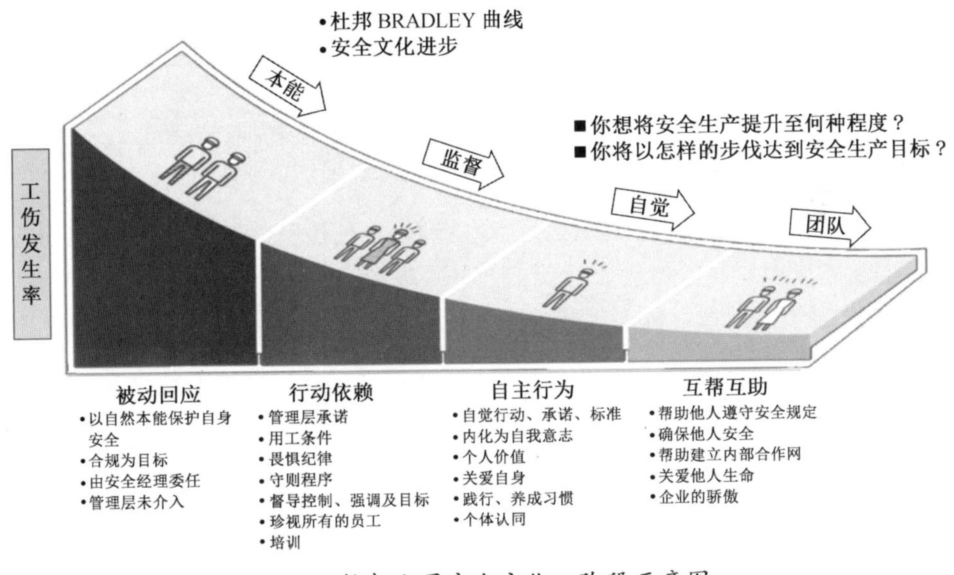


图5–1　杜邦公司安全文化四阶段示意图

有自觉性，需要依靠严格的监督管理。此阶段，安全业绩会有提高，但有相当大的差距。第三阶段，独立自主管理阶段。企业已经具备很好的安全管理系统，员工已经具备良好的安全意识，员工把安全作为自己行为的一部分，视为自身生存的需要和价值的实现，员工人人都注重自身的安全，集合实现了企业的安全目标。第四阶段，互助团队管理阶段。员工不但自己注意安全，还帮助别人遵守安全规则，帮助别人提高安全业绩，实现经验分享，进入安全管理的最高境界。

第一阶段：自然本能反应。

处在该阶段时企业和员工对安全的重视仅仅是一种自然本能保护的反应，表现出的安全行为特征为：

（1）依靠人的本能。员工对安全的认识和反应是出于人的本能保护，没有或很少有安全的预防意识。

（2）以服从为目标。员工对安全是一种被动的服从，没有或很少有安全的主动自我保护和参与意识。

（3）将职责委派给安全经理。各级管理层认为安全是安全管理部门和安全经理的责任，他们仅仅是配合的角色。

（4）缺少高级管理层的参与。高级管理层对安全的支持仅仅是口头或书面上的，没有或很少有在人力物力上的支持。

第二阶段：依赖严格的监督。

处在该阶段时企业已建立了必要的安全管理系统和规章制度，各级管理层对安全责任作出承诺，但员工的安全意识和行为往往是被动的，表现出的安全行为特征为：

（1）管理层承诺。从高级至生产主管的各级管理层对安全责任作出公开承诺并履行这些承诺。

（2）受雇的条件。安全是员工受雇的条件，任何违反企业安全规章制度的行为可能会被解雇。

（3）害怕／纪律。员工遵守安全规章制度仅仅是害怕被解雇或受到纪律处罚。

（4）规则／程序。企业建立了必要的安全规章制度，但员工的执行往往是被动的。

（5）监督控制、强调和目标。各级生产主管监督和控制所在部门的安全，不断反复强调安全的重要性，制订具体的安全目标。

（6）重视所有人。对所有人而言，企业把安全视为一种价值。

（7）培训。安全培训应该具有系统性和针对性。受训的对象应包括企业的高、中、低管理层，一线生产主管，技术人员，全体员工和合同工等。培训的目的是培养各级管理层、全体员工和合同工具有安全管理的技巧和能力，以及良好的安全行为。

第三阶段：独立自主管理。

此时，企业已具有良好的安全管理及其体系，安全获得各级管理层的承诺，各级管理层和全体员工具备良好的安全管理技巧、能力和安全意识，表现出的安全行为特征为：

（1）个人知识、承诺和标准。员工具备熟识的安全知识，员工本人对安全行为作出承诺，并按规章制度和标准进行生产。

（2）内在化。安全意识已深入员工心中。

（3）个人价值。把安全作为个人价值的一部分。

（4）关注自我。安全不但为了自己，也为了家庭和亲人。

（5）实践和习惯行为。安全无时不在员工的工作中，工作外成为其日常生活的行为习惯。

（6）个人得到承认。把安全视为个人成就。

第四阶段：互助团队管理。

此时，企业安全文化深得人心，安全已融入企业内部的每个角落。安全为生产，生产讲安全，表现出的安全行为特征为：

（1）帮助别人遵守。员工不但自己自觉遵守而且帮助别人遵守各项规章制度和标准。

（2）留心他人。员工在工作中不但观察自己岗位上的不安全行为和条件，而且留心他人岗位上的不安全行为和条件。

（3）团队贡献。员工将自己的安全知识和经验分享给其他同事。

（4）关注他人。关心其他员工，关注其他员工的异常情绪变化，提醒安全操作。

（5）集体荣誉。员工将安全作为一项集体荣誉。

## 三、荷兰阶梯式安全文化模式

2020年12月荷兰皇家标准化研究所发布了《安全文化阶梯手册》4.0版，开始就特别提到，媒体几乎每天都在报道工人在工作过程中受伤的事件。有时是小事件，有时是重伤甚至死亡的事故。责任在于所有相关各方，包括雇主和雇员。虽然系统、结构、规章制度可以避免发生事故，但仅凭这一点并不足以防止不安全的情况。安全状态的评估一次又一次地表明，这个问题不仅仅是由系统和法规引起的，还与企业管理者、员工的工作态度、行为方式和文化氛围密切相关。企业不能因不断上升的工作压力而影响到安全，特别是不能以牺牲安全为代价。为了适应安全生产形势的需要，开发了安全文化阶梯（图5–2)，以提高安全意识和安全工作实践，目标是减少不安全的情况和事件的数量。显然，这就是这套手册编制的出发点。

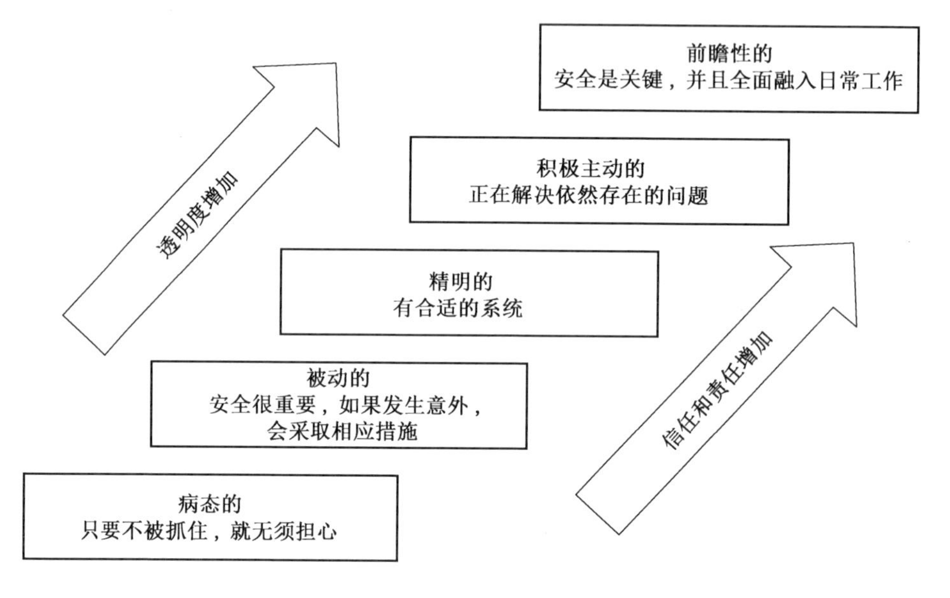


图5–2　荷兰阶梯式安全文化示意图

安全文化阶梯是一个由五个层次组成的进化阶梯。每个层次反映了企业在安全意识方面的发展阶段。

第一层次：认为只要没有发生事故，就没有必要在预防活动上花费时间，不懂安全也不会受到伤害。企业在改善安全行为方面几乎没有进行任何投资。

第二层次：安全管理往往会在安全出了问题后才作出改变，这种改变通常是短期的，价值有限。员工也只觉得自己是某种事件的受害者，而不应该担负什么责任。

第三层次：已经明确了哪些安全规则是重要的，但是解决问题的方法不够有力，激发安全责任往往靠物质鼓励。参与健康和安全，以及遵守规则和法律主要是上层管理人员的任务。

第四层次：健康和安全具有高度优先考虑的地位，持续的投资用于提高安全意识，鼓励员工彼此关注不安全的行为，积极主动改进安全工作。安全意识被视为自己的责任。

第五层次：安全性在生产过程中得到了充分的体现。在各方面进行反思和评估时，安全优先是工作中的原则。健康和安全在所有员工的思维和行为中根深蒂固。

# 第二节　安全文化星级阶段性建设的思考

国际学者的研究成果给了我国学者重要启发，多位专家陆续发表了一系列关于安全文化系统建设的研究成果。北京交通大学风险管理研究所根据我国安全文化建设的特点，对安全文化阶段式建设模式进行了多年研究，于2007年提出了基于 BP 神经网络的核安全文化星级评价体系（表）。星级评价模式旨在理顺安全文化评价结果和评价元素之间复杂的非线性关系，以利于企业全面准确地评估出安全文化发展到了什么阶段，如何对安全文化建设方案作出更有针对性的调整。基于BP神经网络的核安全文化星级评价体系见表5–1。

表5–1　基于 BP 神经网络的核安全文化星级评价体系

| 星级 | 含义 | 得分／分 |
| --- | --- | --- |
| ★ | 要我安全初级阶段。被动约束，管理层的工作动力主要来自于满足法规要求的需要和避免政府监管制裁的需要；员工层则认为安全只是管理者的职责，与自己关系不大 | 60 ～ 70 |
| ★★ | 要我安全高级阶段。管理层认识到了安全与生产相互作用的重要性，提出了一定的安全方针和目标，强制贯彻执行。员工层被动地接受安全培训，主动参与安全管理不够 | 71 ～ 75 |
| ★★★ | 我要安全初级阶段。管理层形成了较合理的安全价值观，主动建立有效的技术和措施。员工在安全规章的约束下重视提高安全技能，能够提出一些安全建议 | 76 ～ 85 |

表 5-1（续）

| 星级 | 含义 | 得分 / 分 |
|---|---|---|
| ★★<br>★★ | 我要安全高级阶段。安全信息畅通，管理层和员工层共同参与安全事务商讨和决策，安全工作成为一切工作的有机组成部分和重要保障 | 86 ~ 90 |
| ★★<br>★★★ | 我会安全阶段。全员自律完善，安全、健康、环保相结合，有长远利益，有战略眼光，安全和生产不冲突，全员积极、自觉、始终如一，充满信任和尊重 | 91 ~ 100 |

当前工作节奏越来越快，生产环境日益复杂，特别是劳动力市场发生了很大的变化。所有这些变化都会对生产过程产生系列性影响，有必要对企业安全文化的发展进行更细化、更深入的逐阶推进。因此作者于2023年提出了新的星级建设模式（图5-3）。

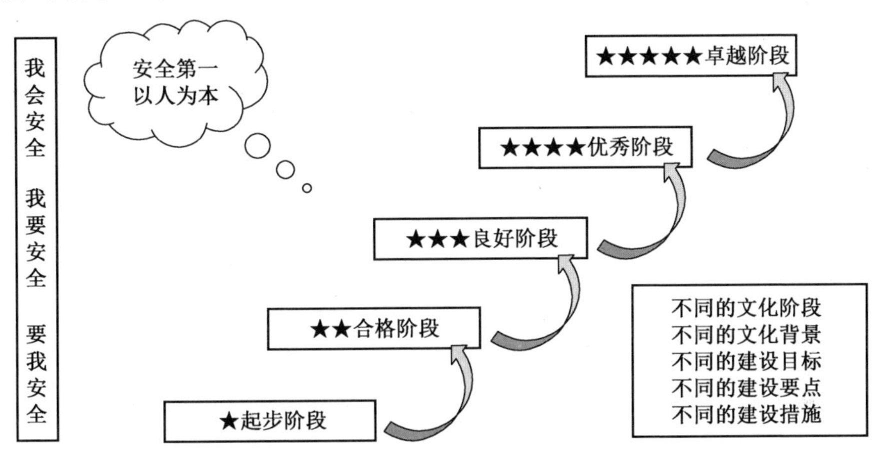


图 5-3　安全文化星级建设模式

## 一、安全文化星级建设模式的建设原则

安全文化星级建设模式按照以下四项原则进行设计。

（1）以人为本，一脉相承：星级建设模式与国内外多年来的安全文化建设思想一脉相承，坚持安全第一、以人为本的核心理念和从企业实际出发、锲而不舍、实事求是的精神。

（2）层级递进，阶梯发展：针对有些企业急于求成，盲目追求高大上的情况，根据安全文化建设发展规律，设置五星级进化阶梯。强调各层阶梯要逐级递进，从低层次提升到高层次。其中没有把“完全依靠人的本能”作为安全文化建设最初的一个阶段，而是作为整体企业安全文化建设的前期背景。

（3）自我建设，自我完善：强调安全文化建设需要自我完善、自我发展，必须采取体现企业特色的措施，落实到本企业安全生产实际。避免依赖外脑，简单套用现成模板，脱离企业实际的问题。

（4）百尺竿头，持续改进：基于对安全文化建设永无止境、不进则退的认识，在安全文化建设已经达到优秀阶段之上设置了五星级卓越阶段，强调安全永无止境，为企业安全文化建设提供了更高的持续改进发展平台。

## 二、星级安全文化建设模式的阶段特征

星级安全文化建设分为五个阶段，不同阶段的安全文化所体现出的特征不同，按照一定的阶段性不断向更高层次发展，其内涵也越来越丰富。这既反映了安全的认识和安全哲学观的不断完善，也表明了安全文化在企业安全发展中不断丰富和提升。

一星级起步阶段安全文化建设，要在树立安全第一、以人为本、生命安全重于泰山红线意识的前提下，强调规则意识，要求掌握必备的重大风险防控等安全知识和技能，健全安全监控导引，从有章不循向有章必循提升。企业形成安全规章制度强制执行的文化氛围。

二星级合格阶段安全文化建设，要求全员牢固树立责任意识，从规范行为中体会到承担安全责任的必要性和重要性，熟知岗位风险防控知识和技能，做到岗位职责网格化、可视化，从依赖他律、被动消极向激发自律、主动担责开始提升，逐步形成自觉履行安全责任的文化氛围。

三星级良好阶段强调参与意识，所有岗位员工要学会探究风险缘由，对安全知识不但知其然，还要知其所以然。对企业安全问题能够主动提出疑问，主动为实现安全目标出谋划策，积极参与到防风险、除隐患、遏事故、会应急之中。企业形成全员群策群力，同创安全的文化氛围。

四星级优秀阶段强调团队意识，做到全员对安全知识多知多会，明晰关联岗位的安全风险知识，岗位之间、部门之间、企业之间通力协作，充分沟通，组成安全利益相关者密切联系的有机生态系统，做到安全生产一盘棋。企业形成安全

风险共担，安全经验共享的文化氛围。

五星级卓越阶段强调进取意识，认识到安全文化建设永无止境，能够持续追踪信息化迅猛发展时代的风险变幻，做到全员不断拓展安全知识，安全素养动态提升，安全行为自强不息，永不止步。企业形成主动应对风险变幻演化，持续改进，共同创建学习型企业的安全文化氛围。

# 第六章
# 企业安全文化星级建设阶段分析

不同阶段的安全文化建设，需要根据各不相同的文化背景，设定各不相同的建设目标，确定各不相同的建设要点，采取各不相同的建设措施。需要强调指出的是，在建设过程中各个阶段的核心理念都是“安全第一，以人为本”，都要不断地充实安全知识和安全技能，实现安全行为的规范化；不同的是在各个阶段建设工作着力点不同，重点不同。只有按照不同发展阶段设置了有针对性的建设措施，才能使安全文化建设循序渐进、持续提升。

# 第一节　企业安全文化起步阶段（一星级）建设

起步阶段的安全文化背景是企业领导安全意识比较淡薄，企业的核心价值观多关注经济效益，安全投入少。安全教育走过场，员工的安全技能缺乏，风险意识不足，隐患排查不到位，习惯性违章和流行性违章比较普遍，侥幸心理或听天由命的心理占重要地位，生产安全事故时有发生。

针对企业安全文化建设薄弱的背景，起步阶段建设要在树立“安全第一，以人为本”“生命安全重于泰山”等安全理念的前提下，强调树立规则意识，强化安全生产必备的应知应会、必知必会知识和技能教育，重点是用制度约束岗位行为，从有章不循向有章必循提升，形成“安全规章制度强制执行，否则就要付出相应代价”的文化氛围。

## 一、安全理念建设——强调规则意识

起步阶段的安全理念教育主要是在自上而下宣贯“安全第一，以人为本”，特别是以生命安全为本的核心价值观基础上，强调树立规则意识。

规则意识是指发自内心、束身自修的行动准绳。企业为了保障安全生产，避免人身伤亡等重特大事故的发生，必须以规则意识为准绳，树立一系列严格的规章制度，对有悖于安全生产中各类违规行为进行强制约束，建设起自上而下敬畏生命、遵章守纪的安全文化。

有一种观点认为，由于文化来自本能，不能通过规范约束进行建设，只能由内而外地逐步养成。作者认为这种说法不能一概而论，对于安全文化的形成需要进行有针对性的研究。

人追求安全的本能行为具有两重性。有的本能如趋利避害，追求平安、规避风险、做事三思而后行等有利于人身安全和生产运行安全的行为，符合安全生产规律的需要，应该予以充分肯定，介入张扬创造。而有些本能如作业人员为了舒适不佩戴安全带、安全帽，为了走捷径穿行危险施工区域，为了省事而不填写危险点预控卡；管理者为了提高生产进度而删减安全手续，为了追求不切实际的经济效益而不履行安全规程等行为，都很可能导致生产安全事故的发生，剥夺每个员工追求安全的基本需要，冲击企业正常的安全生产秩序，必须坚决制止，介入约束创造。

特别是考虑到安全文化建设起步阶段习惯性违章比较普遍，生产安全事故时有发生的文化背景，企业必须强调生命安全重于泰山，以坚决的态度树立规则意识，划出安全生产的红线，为安全生产提供可靠保障。

树立规则意识，就是要通过制度，而不是一味地依赖人的自觉性或高超的能力水平来避免失误的发生，要使企业全员普遍对安全规章制度高度敬畏和认可。我国古代著名法家代表人物韩非子在《有度》中说，"巧匠目意中绳，然必先以规矩为度。故绳直而枉木斫，准夷而高科削，权衡县而重益轻，斗石设而多益少"。就是在强调规则制度的重要性，无论巧匠技艺多高，也要先建立规矩，才能保证工作质量。安全生产从宏观到国家层面的《安全生产法》，从微观到企业的安全操作规程，都是安全生产必须遵循的标准。

树立规则意识贵在坚持。规则意识的树立不可能一蹴而就，而要持之以恒。在贯彻规则中出现一些反复，甚至在员工中出现一些抵触情绪都是正常的，但企业的要求要始终如一，不能一遇到阻力就动摇，甚至朝令夕改。对于认真落实规则的员工要积极肯定，对于违背规则的员工要严肃处置，避免劣习成风，顽疾难去。

## 二、安全知识建设——突出重大风险

起步阶段的安全知识建设，要做好保障生命安全的知识储备和行为训练，为实现规范约束下的安全行为奠定基础，强调对于安全生产中存在的重大风险知识和防控技能，需要强制要求应知应会达到真知真会。

安全文化建设的起步阶段需要强调对于生产中必须掌握的事关重大风险的安全规则、操作规程达到真知真会，这是因为起步阶段建设所处的安全文化背景使企业生产安全事故频发，安全形势恶化，很大程度上在于"无知者无畏"，他们的无知或者源于岗前培训教育不到位，或者把违章侥幸成功当作经验，对安全规范不以为然。为了扭转这种由于知识支撑不足导致的安全滑坡现象，必须加大力度对企业员工安全生产资质进行严格管理，对安全规章制度、安全操作规程、安全生产技术进行广泛深入的教育培训和考核。

安全知识建设要做到真知真会，必须坚决避免假知假会。首先，持证上岗必须真正做到职业资格准入，严格资质审核，绝不允许弄虚作假。同时，教育培训必须真学真用，不能走过场，不能看上去考试成绩一片红，其实竹篮打水一场空。

职业资格是对从事某一职业所必备的学识、技术和能力的基本要求。这是安全生产的基础要求，是安全保障的前置条件。严格持证上岗是严格从业的起步要求。生产中的许多岗位由于技术复杂，涉及人身生命安全和企业生产运行，要求从业者必须持有相对应的职业资格证书，才能就业上岗。特别是对于存在重大风险的特种作业岗位工作人员，《安全生产法》第三十条明确规定，"生产经营单位的特种作业人员必须按照国家有关规定经专门的安全作业培训，取得相应资格，方可上岗作业"。

例如，建筑业高空坠落伤亡事故一直是安全管理中的重中之重。有统计资料对建筑业220起高空坠落死亡事故进行分析，发现死亡事故中由于在登高作业时心存侥幸，未按照规定佩戴防护用具的有90起，占事故总数的40.9%。其中空中作业未使用安全带或者虽然系挂了安全带但是保险扣未挂牢的有52起，占事故总数的23.6%，未戴安全帽或者虽然戴了安全帽但是未扣帽扣的有30起，占事故总数的13.6%。由此可见，佩戴并正确佩戴防护用具至关重要！为此，必须对高处作业的应知应会作严格的真知真会要求：凡专门或经常在坠落高度基准面2米及以上有可能坠落的高处进行作业的人员，首先必须持高处作业操作证才能上岗，而且必须经过严格的相应培训考核合格，必须清楚高处作业安全防护要求，必须掌握高处作业安全防护"三宝"（安全帽、安全带、安全网）和危险场所"四口"（楼梯口、电梯口、预留洞口、通道口），以及"五邻边"（沟、坑、槽和深基础周边、楼层周边、楼梯侧边、平台或阳台边、屋面周边）的危险防控技能才能上岗，用科学的安全知识和技能填补违章者的知识空白，纠正违章者的错误认知。

要做到真知真会、真学真用，每个员工对于安全知识、规章制度、作业技能都要牢固记忆，熟练掌握，才能为避免误操作奠定基础。常言道无知者无畏，没有真正了解危险操作、危险能量、危险物质的危险所在，就会为所欲为酿成大祸。因此，各级员工必须掌握对于可能导致人身伤害或者财产损失、工作环境破坏的危险能量、危险物质意外释放的根源及存在状态，同时了解并知悉操作者不安全行为的原理和控制技能。安全发展首先要避免重大人员伤亡和财产损失，保障安全必须从每个人身边做起。

为了使员工达到真知真会，企业需要强化三级培训，从学习和掌握岗位每一项具体安全知识技能做起，通过“百问百查”等方式，使员工掌握必要的安全知识，习得必要的安全经验，提高必要的心智能力。员工由于知识能力等有限性而产生差错行为，是导致生产安全事故发生的主要原因。只有夯实知识基础，才能有效控制无知型误操作和面对危险时的手足无措。

安全培训重在效果，培训内容和形式必须满足企业安全生产管理的需要。在培训的准备阶段，必须对内容的针对性进行认真定位，做到针对不同岗位、不同员工的不同需求，确定不同的培训目标、不同的培训方式，并根据生产发展滚动制订安全生产培训计划。安全培训考核是对培训效果的检验，为了做到常考常新，使员工的安全素质不断提升，必须做到考试题库及时更新。

## 三、安全行为建设——强制被动执行

在安全文化建设的起步阶段，需要通过制度规范强制干预生产中屡禁不绝的“三违”行为，介入约束创造。安全行为建设要采用监督、考核、约束和奖惩等严格手段，对于各种事故要坚决做到“四不放过”，违章必查、违章必管、违章必究。虽然在这个阶段有的员工对一些规范制度的精神实质还不够了解，但是安全不能等待，被动也要执行，在执行过程中逐步加深理解。

俗话说“没有规矩，不成方圆”。企业安全生产过程复杂，不确定因素多，员工的知识、经验和素质都有所差别，特别是在安全生产出现较多异常的情景下，必须有一套安全制度来规范安全管理。如果离开了安全生产管理制度，安全生产无法得到保障。例如黑龙江伊利乳业公司提出的救命规则，就是从保障生命安全出发，规定了9条救命规则要求所有员工必须照章落实。如任何人不得违反有限空间管理的有关规定，在存在跌落危险的1.8米高度以上作业时必须系好安全带等。

### 生命安全第一的“救命规则”

黑龙江伊利乳业公司把对全体员工的生命安全负责作为必须履行的企业社会责任，建立了完善的安全理念，包括：EHS 管理承诺、EHS 管理原则、集团安全红线、事业部救命规则、领导作用和承诺、EHS 安全方针等。救命规则的内容如下：

（1）任何人不得违反有限空间管理规定。

（2）除完全遵守安全操作规程外任何人不得接触转动、移动设备。

（3）任何人不得未经授权进行带电作业。

（4）在存在跌落危险的1.8米高以上作业时必须系好安全带。

（5）没有相应证照，任何人不得操作特种设备。

（6）任何人不得未经许可在工厂内动火，工厂内动火必须有经过批准的动火许可证。

（7）任何人不得违反上锁挂牌管理。

（8）任何人不得违反管线断开管理。

（9）任何人未经安全培训验证合格后不得上岗。

建立健全安全生产工作的各项管理制度并不意味着万事大吉。任何制度都要靠人去落实和执行。人的安全意识不尽一致，有的员工能自觉对照一丝不苟地按照安全制度执行，而有的员工却置若罔闻，视制度而不顾。所以，无论安全制度多么健全，员工不执行，干部不监督、不落实，仍然难以达到保证安全生产的目的。因此，安全制度文化建设重在转变员工的安全观念并加强制度的执行和落实。在企业安全文化建设过程中，引导企业员工认同安全制度，要求他们严格按照安全制度操作，长此以往，员工的安全生产行为就会逐渐内化为一种自觉的行为习惯。当制度内涵未得到员工的心理认同时，制度只是管理者的“文化”，最多只反映管理的原则和规范，对员工只是外在的约束。当制度内涵已被员工心理接受，并自觉遵守与维护时，制度才变成一种文化，即“制度变为习惯，习惯形成文化”。

安全文化建设的起步阶段是员工对于文化认同度较低阶段，企业制度的运行成本会很高。随着安全制度与员工的需求逐步合拍，制度的贯彻落实越来越顺畅，员工对安全文化的认同度越来越高，企业制度成本就会随之降低。当企业安全文化超越当时制度水准时，就会催生出新的适合环境的安全制度。安全制度与安全文化必须融为一体，这就需要各级管理机构和管理者在建设安全制度文化的同时，加强对制度执行的检查、督促和指导，对发现的安全隐患及时限期整改，明确整改责任人，实现制度与执行的统一性。

企业的安全生产规章制度是任何人都不能违反的。企业要用安全生产规章制度考核和规范员工的行为，企业安全生产规章制度是员工的安全生产行为准则。任何企业员工都要认可企业安全生产制度的安排，坚持制度至上的理念，服从和忠于安全生产规章制度的安排。

# 第二节　企业安全文化合格阶段（二星级）建设

合格阶段的安全文化背景是员工已经逐渐从规范行为中体会到了加强安全监管的必要性和重要性，但是对主动安全的理解仍然比较肤浅，对岗位的安全认识主要来自自外而内的强制要求。自内而外主动的安全责任感还没有普遍形成，行为模式还没有从依赖他律、被动消极提升到激发自律、主动担责。

针对企业安全文化建设正在起步的背景，合格阶段的安全文化建设要点包括：安全理念建设强调责任意识；安全知识建设强调对于显性和隐性安全知识达到熟知岗位风险防控知识和技能；安全行为建设要从依赖他律、被动消极向激发自律，主动担责提升，开始形成从个人到集体自觉主动严格履行安全责任的文化氛围。

## 一、安全理念建设——强调责任意识

合格阶段的安全理念教育要达到主动接受“安全第一，以人为本”的核心价值观；强调树立责任意识，严格履行岗位安全承诺责任意识是指个人对自己分内应尽义务、应做事情、应担责任的自觉而清醒的认识。

通过起步阶段“要我安全”的被动约束，安全行为逐步规范，安全生产责任制、法律法规、标准、纪律等形式的安全制度基本建立起来。但是，仅靠这些有形的外在监督与控制安全状态无法持久，必须通过确立责任意识，强调内在的自觉与自律，做到党政同责，一岗双责，各负其责，把责任意识植根于企业所有成员的头脑之中。

责任有两重含义：一是指分内的职责和任务。必须做的事或者应该做好的事，如履行职责、尽到责任、完成任务等。二是指如果没有做好分内之事，而应当承担的不利后果或者强制性义务，如担负责任、承担后果等。由于责任产生于社会关系中的相互承诺，所以责任具有很鲜明的社会属性。承担一项责任，既意味着在履行责任后拥有获得回报的权利，也意味着未能履行责任必须付出一定的代价。

责任的两重含义既强调了个人对于组织交付的任务义不容辞，必须尽力而为，又表明个人对自己分内应尽义务、应做事情的自觉而清醒的认识。强化安全责任，是企业安全文化建设中的主流意识从被动约束为主向自觉自愿为主的过渡。

《安全生产法》第三条从宏观和微观两个角度对安全责任做了明确的要求。宏观上要求“安全生产工作实行管行业必须管安全、管业务必须管安全、管生产经营必须管安全”，微观上要求不同主体应承担不同的责任。

从宏观上强调“三管三必须”，明确了无论管的是什么行业、什么业务、什么岗位工作都要管安全。虽然工作有分工，但是在管安全上不分家，都要根据安全生产的客观规律对本领域本部门的工作进行分析和研究，将安全融入各项具体工作之中。“管行业必须管安全”，就是要求各个行业要在各自的职责范围内对负责的行业和领域的安全生产工作实行监督管理。“管业务必须管安全”，就是要做到生产单位的领导班子成员和部门无论分管什么业务都要对安全生产工作负相应的责任，要将安全融入各项具体工作之中。“管生产经营必须管安全”就是要做到在开发和应用力、热、光、电、核等能量转化做功推动生产正常运行、创造效益的同时，一定要对这些能量按照科学规律严格管控，避免能量意外释放导致事故发生。

从微观上强调“强化和落实生产经营单位主体责任与政府监管责任，建立生产经营单位负责、职工参与、政府监管、行业自律和社会监督的机制”。生产经营单位作为法人主体，必须对企业的安全生产负责，全面落实安全生产标准化、双重预防机制，保障员工生命安全和企业安全生产。各级政府作为监管主体，要依法依规履行监管责任，扫清监管盲区，完善监管机制，厘清监管职责。企事业单位职工是安全的参与者，要落实全员安全生产责任制，努力做到不伤害自己，不伤害他人，不被他人伤害，帮助他人不被伤害。行业要做好安全自律，通过建立行规、行标、团标和对口安全检查对行业安全生产履行安全责任。社会要加强监督，要通过媒体和公众对各个责任主体的安全行为行使监督责任，公众对安全有知情权，无论是公共安全还是职业安全的安全状况对媒体都要透明，企业要出社会责任报告。

责任意识的形成，不是简单地采取“卡、压”等行动就能一蹴而就的，而要通过使命感的教育，使员工从内心认识到安全责任重于泰山。作为一个社会成员，有义务为社会的有序运行，为企业的安全发展，为家庭的平安幸福承担一份义不容辞的责任。

## 二、安全知识建设——突出岗位风险

在安全文化建设的合格阶段，需要突出员工对于工作岗位存在的种种风险防控知识的学习，切实达到法律法规中所有关于安全生产责任的要求。

《安全生产法》等一系列安全法律法规对于企业全员安全生产责任都做了明确的规定，对于相关条文企业从领导到员工都必须熟练掌握和全面落实，只有达到熟知熟会，才能做到对显形的知识耳熟能详，对隐形的技能驾轻就熟，处理安全问题才能得心应手。

要做到职责落实，每一名员工首先要知责，要清楚自己岗位的责任，理解自己的角色和任务，熟知自己岗位的安全责任，在安全网格化管理中就能按部就班地履行相应的岗位安全生产职责。例如为了解决高处作业坠落问题，在一星级阶段需要反复训练，严格考核，反复强调才能使习惯性违章者对防护措施和危险场所有所认识。在二星级阶段就应该达到无论有没有安全员或者管理者的反复叮嘱，对安全交底和危险点预控都牢记在心，严格遵守安全操作规程。

要达到在岗位工作上尽职尽责，必须在安全知识建设中通过严格规范的训练，使全员掌握必要的有形的安全科学知识，促进员工无形的安全能力素养的提升。《安全生产法》第二十八条规定："生产经营单位应当对从业人员进行安全生产教育和培训，保证从业人员具备必要的安全生产知识，熟悉有关的安全生产规章制度和安全操作规程，掌握本岗位的安全操作技能，了解事故应急处理措施，知悉自身在安全生产方面的权利和义务。未经安全生产教育和培训合格的从业人员，不得上岗作业"。

为了使员工能熟知熟会，企业应采用多种手段加强安全生产法治教育，使全员对安全责任的重要意义深刻领会，耳熟能详。特别是其中对生产经营单位主要负责人的规定（第二十一条），对安全生产管理机构和安全生产管理人员的规定（第二十五条），以及第六章法律责任等内容一定要认真反复学习。

## 三、安全行为建设——严格履行职责

合格阶段行为建设中一个重要的特点，就是员工开始逐步从依赖他律、被动约束向激发自律、主动担责转变。为了推进这个转变，合格阶段强调严格履责。

为了将责任落到实处，产生实效，企业需要把责任逐级分解为厂级、车间级和岗位级，落实到部门，落实到人，实行安全生产网格化管理。从领导到员工，要为保证安全生产当众作出郑重承诺，将安全生产责任状上墙公示，接受大家监督。

安全生产网格化管理是一种很好的安全责任管理尝试。企业依托统一的安全管理数字化平台，将企业生产区域按照一定的标准划分成为单元网格。通过加强对单元网格的设备设施和操作活动的巡查，建立一种实时监督和现场处置一体化的形式。

安全生产网格化管理有多种模式，功能就是将过去被动应对问题的管理方法转变为主动发现问题和解决问题的方法。实行网格化管理，需要对本区域内的安全隐患、重大危险源等问题进行排查登记，对安全操作流程进行综合设计，建立安全档案和网格看板，确定各级网络各个责任区的职责。每个网格里的内容主要包括：岗位职责、岗位风险点、安全保障措施、应急措施和资源配置等。通过建立三级网络，形成纵向到底、横向到边的安全保障和监管网络，实现无缝隙、无缺口。

开展全员自愿参加的对应岗位职责的安全知识竞赛，是促进员工从被动安全向主动安全过渡的有效措施。员工在准备竞赛的过程中，会主动搜集和掌握相关的知识，有效提升员工的主动意识，促进员工自觉掌握安全知识和安全技能。强制性的学习可以逐步转变为员工自愿的内在行动。

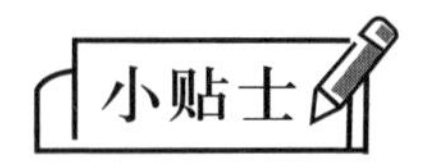


## 在“三述两清”中提升安全能力

陕西能源投资集团公司在生产单位开展了“三述两清”竞赛，如图6-1所示，促使员工通过不断的学习和训练，在“手指口述”“解答讲述”“岗位描述”和“一口清”“一图清”等方面达到很高的水平，安全知识扎实了，安全操作的底气越来越充实，防风险、除隐患的主动性越来越高，以过硬的技术，精心监盘、精确操作，为创造机组安全“零非停”长纪录发挥重要作用。

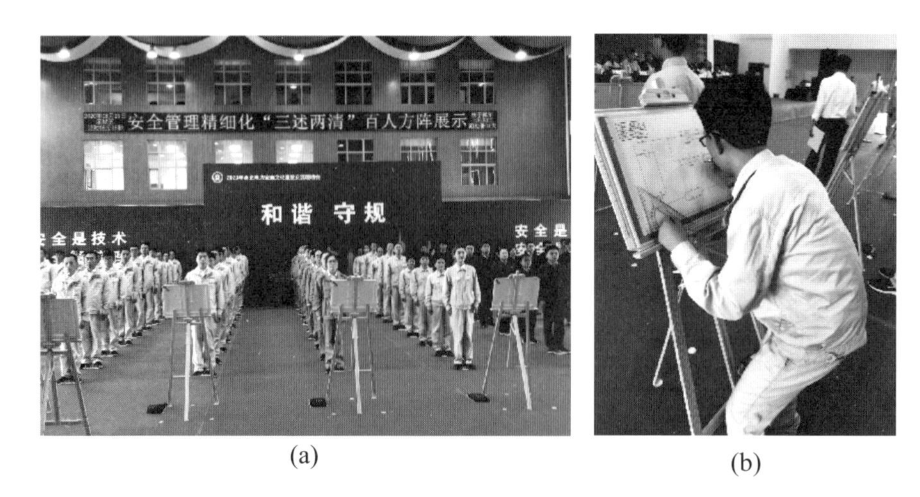


(a) (b)

图6-1 陕西能源投资集团公司开展的“三述两清”竞赛现场

# 第三节　企业安全文化良好阶段（三星级）建设

良好阶段的安全文化建设背景是企业安全生产逐渐走出强制被动执行的阶段，员工开始主动关注安全，但是这种关注主要做到岗位职责照章执行，关注的范围主要是本岗位之内的安全工作，还没有形成全体员工参与到企业安全决策活动中的局面，没有做到群策群力。员工对企业安全规章制度和安全知识理解还不够深，执行自觉性还不够高。

良好阶段的安全文化建设要点包括强调参与意识，所有岗位员工对于安全知识和技能要深知深会，学会探究风险缘由，对安全知识不但知其然，还要知其所以然，对安全问题能够主动提出疑问，提出报告和建议，形成全员积极参与为安全活动出谋划策，群策群力创建安全的文化氛围活动。

## 一、安全理念建设——强调参与意识

良好阶段的安全理念教育要坚定树立“安全第一，以人为本”的核心价值观；强调树立参与意识，发动全员参与企业安全活动。参与意识是指个人自觉自愿参加集体活动或者事务的态度。

由于安全风险涉及方方面面，不仅限于一时一事，安全的持久稳定有赖于每个部门、每个岗位、每个成员的积极参与、不懈努力，群策群力、不分分内分外，积极投身于风险防控和隐患排查的安全活动之中。安全文化建设要求全员都能以主人翁的精神倾情投入，在安全生产中表现出高度的主动性和积极性。

海恩法则指出，一起重大的飞行安全事故背后，有29个事故征兆，征兆背后有300个事故苗头，苗头背后有1000个事故隐患。这个法则告诉人们，为了避免一次重大的飞行安全事故，必须付出29倍的努力紧急消灭事故征兆，需要付出300倍的努力铲除事故苗头，需要付出1000倍的努力排除可能导致事故的苗头。显然，越濒临事故发生，危险性越大，控制难度越大。越提早介入，危险性越小，控制难度也相对越小，但是工作量却越大。要想避免各类事故特别是重大事故的发生，必须提早开展隐患排查与治理，才能更有效保证安全。显然，大范围的隐患排查需要大量的人力物力，必须建立全员参与的激励机制，动员全体员工投入其中才可以实现。在安全文化建设的良好阶段，发动企业全员参与，积极投身到安全生产中十分必要。

## 二、安全知识建设——探究源头风险

如果员工对安全规则、安全技能和生产信息不能深入理解，就难以将操作要求落实到位，不能实现安全生产目标；如果在遇到事故以前没有真正明白可能产生事故深层次的原因，就无法采取符合安全生产需要的最佳措施来应对，甚至还可能因错误操作而扩大事故。因此，为了使员工深入理解相应的安全知识，准确掌握安全操作技能，不但要知其然，还要知其所以然，深入探究源头风险，避免由于知识能力一知半解，产生不自觉的错误反应或行为失误。

深知深会，就是不仅要知道应知应会的条文和步骤，还要知道这些条文和步骤为什么这样要求，即不仅要知道应知应会的具体表述，还要知道相应规定的本质及需要防范的各类异常的来龙去脉，这样才可以对存在的隐患能够洞察秋毫，对发生的风险能够准确判断，对出现的异常能够机敏反应。

例如，为了做好隐患排查治理，必须找到形成隐患的根本因素，识别出潜在的危险源。由于存在危险源，才会出现一系列明令禁止或者严格管控的要求，为了落实这些规定，有必要将危险源的来龙去脉梳理清楚，以便对安全应知应会理解得更清晰，实施得更准确。

危险源是指可能导致伤害或疾病、财产损失、工作环境破坏或这些情况组合的根源、状态或行为。从危险源的概念可以看出，危险源之所以受到高度关注，是因为它可能导致伤害或疾病、财产损失、工作环境破坏。事故之所以会爆发，是因为涉及三个重要因素：危险根源、危险状态或危险行为。

危险根源是指危险能量或危险物质。在工业生产过程中，为了取得必要的效益，常常要开发足够强大的动能、热能、势能等能量，或使用一些物质，这些能量或物质在受控状态下正常释放就是做功、生产产品，这些能量或物质如果因失控而异常释放，就会造成人身伤害或经济损失。这就是安全科学常提到的能量意外释放理论，能量意外释放理论揭示了造成事故危险的根源在于危险能量或危险物质。

危险状态是指危险根源的存在条件，即危险能量或危险物质等危险根源所处的物理、化学状态和约束控制状态。如果危险能量或物质的储放、运行状态是不可靠、不稳定的就存在危险。例如，储放危险能量的管道、储罐等设备设施存在老化、裂兆、失稳的状况，携载动能、势能的载运工具存在超载、超速、失控等状况都属于危险状态。

危险行为是指可能导致危险能量或危险物质无序释放的人的行为。其中包括管理者失察、操作者误操作和其他人员扰动等。危险行为是指危险源转化为危险状态，继而转化为事故的人因。在危险源三个组成因素中，人因的可靠性相对是最低的。特别是当危险根源属于易燃、易爆、易泄漏的物质时，如何严密监察管控敏感的触发因素，避免误动、误碰是人因管理中需要密切关注的要点。

为了使员工深知深会，企业应根据生产特点建设体验式培训基地，开发相应项目，通过对危害设身处地的体验，加深对危险源本质的认识。例如建筑类企业安全体验式培训基地设置的洞口坠落、安全带松动、安全帽脱落、移动式脚手架倾倒等项目，都可以使员工切身感受到事故可能带来的后果，对规范化操作要求有更深的认同。

为了正确识别危险源，一个有效方法就是坚决做到对已经发生的事故原因查清楚，不查清楚绝不放过。这是大家耳熟能详的“四不放过”原则中第一个“不放过”。“四不放过”内容并不复杂，是指“事故原因没有查清楚不放过、责任人没有处理不放过、整改措施没有落实不放过、有关人员没有受到教育不放过”。四句话中首先强调的是“事故原因没有查清楚不放过”，也就是对事故发生原因必须进行深层次调查，一定要查清楚、弄明白。只有查清事故发生的直接原因、间接原因，特别是根本原因、才能做到吃一堑、长一智，才能准确地对责任人进行处理，才能全面落实整改措施，才能使有关人员受到深刻教育，才能做到今后准确地识别危险源，查找隐患，预防事故。如果事故原因都没有查清楚，其他三个不放过不但很难落到实处，而且会导致事故原因根本查不清楚。

## 三、安全行为建设——强调群策群力

在良好阶段的安全行为建设中，要强调群策群力，把安全文化体现在行为养成上，使安全理念进一步内化为每个员工的安全行为习惯。做到人人主动“把标准当作习惯，让习惯符合标准”，将强制性的安全生产操作变成员工自觉自愿基础上的自律行为。

安全行为群策群力，很直接的表现就是员工能够积极为企业的安全发展出谋划策，共创安全，共同珍视安全生产所取得的成绩，一同守护企业平安。在《企业安全生产标准化基本规范》( GB/T 33000—2016 ) 的“目标职责要素”中，专门设置了“全员参与”的子要素，要求:“企业应为全员参与安全生产和职业卫生工作创造必要的条件，建立激励约束机制，鼓励从业人员积极建言献策，营造自下而上、自上而下全员重视安全生产和职业卫生的良好氛围，不断改进和提升安全生产和职业卫生管理水平”。

员工对于安全知识的深知深会，为参与安全生产活动奠定了坚实的基础，更有利于识别生产岗位危险源，如实查找、记录、排除和报告事故隐患。针对安全生产中存在的问题，不但能够为企业献计献策，还能参与安全生产规章制度的制订和修改。《安全生产法》第四十一条规定，生产经营单位对于事故隐患排查治理情况应当如实记录，并通过职工大会或者职工代表大会、信息公示栏等方式向从业人员通报。

为企业建言献策活动一定要注重产生实际效果，而不能仅仅是一个形式。每次组织的活动都要做到闭环管理，要考查参与的人数和建言的数量、门类，所提出的建议是否列入了有关组织的研究范围，研究哪些是立刻要办的、哪些是具备条件再办的、解决的措施是什么、后续的效果是什么，对于所有建议都要有反馈，并给予建议者相应精神和物质鼓励，使每一名参与者体验到自己的努力与组织发展有着密切的关联。

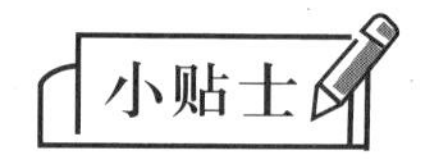


## 车间里的“苹果树”

在北重电气装备有限公司车间的班组活动园地，我看到了一块展板，上面画了一棵长满绿树叶、青苹果和红苹果的卡通式苹果树。展板上的说明告诉我们，员工有什么好的建议都可以写在带本人头像的便笺纸上，贴在树旁边。经过研究这个建议可以采纳就贴在树叶上，开始实施的贴在青苹果上，实施完成的贴在红苹果上，企业根据情况给予建言献策员工相应精神和物质奖励。小小一棵苹果树，展现着企业安全发展的勃勃生机，激发着广大员工持续不断地关注安全、努力创新的工作热情。

# 第四节　企业安全文化优秀阶段（四星级）建设

优秀阶段安全文化的建设背景是企业员工虽然能够积极参与到安全活动中来，但是员工与员工之间、部门与部门之间、企业与企业之间协同共创安全不够，还没有做到岗位之间、部门之间、企业与上下游之间、左邻右舍之间的通盘统筹。

优秀阶段安全文化的建设要点包括：理念建设强调团队意识，充分认识到企业安全生产是由多个环节组成的有机生态系统，做到安全生产一盘棋；知识建设强调多知多会，全员在熟练掌握岗位安全知识基础上还能熟悉关联岗位的安全知识；行为建设强调齐心协力，各个部门通力协作，充分沟通，携手做好风险分级管控隐患排查治理。企业形成安全风险共担，安全经验共享的文化氛围。

## 一、安全理念建设——强调团队意识

优秀阶段的安全理念建设要积极落实“安全第一，以人为本”的核心价值观，强调树立团队意识，做到企业安全一盘棋。树立团队意识需要确立好团队建设目标和明确团队每一名成员的角色。确立团队建设目标，通过团队成员在做好自身安全的前提下，努力与团队成员一起协同创造安全氛围，实现企业的整体安全；明确团队每一名成员的角色，要求成员找准自身的位置，明确自身在团队中应承担的任务，发挥自己在团队中应发挥的或主导或协同或支撑的作用。

著名管理学家德鲁克认为，任何成功的组织都离不开团队，领导人的主要工作就是构建有能力和高效率、有创造力和愿景的团队。《吕氏春秋》中有一句名言：“万人操弓，共射一招，招无不中。”对于安全管理，也同样是这个道理，只要大家一起去努力，就一定能达到安全目标。企业是由一个个不同群体组成的集合体，每一个群体既是企业的组成部分，又是一个独立的团队。优秀阶段的企业文化，既应注重团队内的相互协作关系，同样也应注重团队间的竞争关系。

树立团队内成员的协作意识，就是要求团队每一个成员不仅要关注自身安全，确保团队成员不违章，不出现不安全行为，同时还应关注团队其他成员的安全情况，一旦发现其他成员不符合安全工作要求的行为应立即给予提醒和纠正，在团队内形成相互协作、共同进步的氛围，创造安全的文化氛围。

注重团队间的竞争关系，就是要倡导团队间应树立竞争意识，以竞争促协作，以协作带竞争。通过竞争持续提升各个团队的安全绩效，使安全管理进入一个良性循环轨道，促进不同团队在安全规章制定、风险分级管控、隐患排查治理、安全培训等方面各自创新发展。

## 二、安全知识建设——明晰全局风险

安全活动中的团队意识有助于推进安全知识共享。通过企业之间、工种之间、工友之间的安全知识共享，使每个人都能做到安全知识和能力的多知多会，明晰全局风险，达到互通有无，共同提高，互保安全。真正实现“不伤害自己，不伤害他人，不被他人伤害，帮助他人不受伤害”。

为了做到“四不伤害”，特别是要做到后面的三个“不伤害”，前提就是不但要掌握本岗位的操作规范和相关制度，及时发现身边存在的事故隐患，还要明确其他相关岗位的安全“应知应会”和可能存在的风险，达到对相关岗位安全知识“多知多会”的目的，这样既能保护自己，也能帮助他人。

例如，高空作业的安全风险主要是高处坠落，防止高处坠落并不只是本人系好安全带就可以了，还可能有前项工作的失误同样会导致事故发生。再例如，临边作业的安全措施要求周边必须安装防护栏，如果前期安装防护栏的员工安装前不查验防护栏质量，安装后不检查是否合格，后面作业人员不事先检查很可能发生事故。其他如脚手架搭装不稳固，安全兜网质量过期，脚下踏板固定不可靠等。以上种种，如能懂得相关环节的风险所在，不仅自己可以规避危险，还能帮助他人少犯错误。

在安全文化优秀阶段的知识建设中，多知多会不应该只停留在实际工作层面的安全行为规范上，还要全面提升到对核心安全理论的理解和应用上。其中包括轨迹交叉论、危险能量（物质）意外释放论、事故致因连锁理论、风险理论、本质安全理论和安全人机工程、安全人因工程中的相关知识等。

尤其需要强调的是，学习轨迹交叉论不仅要理解“在一个系统中，人的不安全行为和物的不安全状态于同一时间、同一空间发生，事故发生”的事故致因与逻辑关系，还要引申理解当生产实践中难以通过人的操作规范化和物的质量标准化都达到极致而保障安全时，如何通过人的安全行为来保障安全，如何通过物的安全状态来保障安全。一方面，考虑到人的可靠性低于设备，需要通过物的安全状态制约人的不安全行为来保障安全，称为技术保安全，这也是本质安全的组成部分。例如，针对电气操作者可能错开门锁、错拉开关导致严重事故发生的问题，现场使用微机自动闭锁装置就能够把不按操作流程错开门锁者拒之门外。另一方面，考虑到技术水平的有限性和风险的多变性，更需要通过提高人的安全行为控制物的不安全状态来保障安全，称为人因安全。人的因素在安全活动中永远起着关键性的重要作用，任何自动化设备都需要人来主导，只有人的安全行为达到高度自觉、自律、自强，才可以做到风险可控、能控、在控。这就进一步说明在科学高度发达的今天建设先进安全文化的必要性。

为了使员工达到多知多会，企业应开发适合本企业特点的综合性培训平台，采取线下、线上、多媒体和APP等多种方式，开展全方位教育培训。平台根据安全生产需要，设置各个岗位必要的安全培训专业课程，特别要明确相关岗位之间知识的关联关系，加强关联岗位的交叉培训，组织跨层级、跨部门专项互动讨论和共同关心的安全问题研究。

## 三、安全行为建设——强调齐心协力

安全生产是系统工程，牵一发而动全身，既要保证本岗位工作安全稳定，避免影响全局，又要积极协助其他岗位做好安全保障，做到“我的事情我全心全意负责，别人的事情我积极努力配合”，形成全局一盘棋，人人、时时、处处关注安全，协同共赢的局面。

三国时期的著名军事战略家孙权讲：“能用众力，则无敌于天下矣；能用众智，则无畏于圣人矣”。对于安全管理，也是同样的道理，需要每位员工和每个团队在共同目标的指引下齐心协力才可以达到整个企业的安全目标。

在安全文化的优秀阶段，需要在个体安全行为的基础上，更加注重团队层面的行为，从个体行为达标起步，建立整体的团队安全行为准则并赋予实施。个体的行为进步会产生一名或者多名安全标兵，他们在意识和行为层面都会领先于团队其他成员。但安全是一个整体的复杂系统，单个成员的优秀难以达到整体的安全绩效，且安全遵循木桶原理，决定企业安全成败的并非最优秀的几名员工。因此，在安全行为建设方面，不能只简单强调个体的绩效优秀，应更注重团队整体的行为。

优秀安全文化在团队层面的行为应强调齐心协力，互帮互助，共同进步。在经历了安全文化的起步阶段、合格阶段和良好阶段后，会产生一部分安全行为与意识俱佳的成员，在安全文化的优秀阶段，应以这些团队为基础，起到带动作用，建立团队成员的引导和帮扶准则，引导和带动团队其他成员，要求团队全员都参与到安全事务中，齐心协力共同努力达到团队目标。优秀阶段的安全行为，不能仅仅依靠员工的自组织，还要充分利用企业的管理能力，自上而下与自下而上相结合，共同实现目标。一方面，在日常的工作中，应注重培养团队成员的协作意识，建立互帮互助、齐心协力的整体文化氛围，使员工在做好本职工作的前提下能自发参与到企业的安全管理事务中；另一方面，也要充分发挥管理者的作用，积极倡导并督促员工建立团队合作意识，主动引导和激励员工参与安全事务。同时工会也应当发挥积极的引导和监督作用。通过领导者、管理者和员工三个层面的努力，共同打造齐心协力的安全文化。

# 第五节　企业安全文化卓越阶段（五星级）建设

卓越阶段安全文化建设背景是在安全文化建设达到较高水平后，有的企业就认为大功告成，不思进取，认识不到安全文化建设永无止境，不能促进员工安全素养的动态提升，难以持续改进安全绩效，跟不上安全风险的不断变化，出现安全文化退化现象。

卓越阶段安全文化建设的要点包括必须强调进取意识，全员不断拓展安全知识，形成主动应对风险演化，全员安全素养动态提升、持续改进，安全行为自强不息、永不止步、持续改进，形成共同创建学习型企业的安全文化氛围。

## 一、安全理念建设——强调进取意识

卓越阶段的安全理念教育要全面贯彻“安全第一，以人为本”的核心价值观，强调树立进取意识，即保持积极向上、主动改进、持续有所作为的精神状态。

卓越阶段为安全文化建设提供了一个不断进取的平台，在这个平台员工应该以一种独立自主、自强不息、持续发展的面貌来接受全新的挑战，绝不能因循守旧、故步自封。系统安全论告诉人们，安全是一个动态发展的过程，旧的问题得到解决后，会有新的问题浮现出来。建立动态安全发展理念，以预防论为基础解决安全问题，强调员工的进取精神，鼓励员工实现知识技能的自我迭代，激励员工发现并解决问题，做到将风险控制在初始阶段，最终实现企业的本质安全。

进入21世纪以后，社会环境发生了巨大的变化，知识爆炸、科学技术突飞猛进，使得人们原来所熟知的工业社会环境和设备发生了巨大变化，种种新能源的开发、新技术的应用、新经济的发展，在推动社会迅猛进步的同时，带来了许多全新的风险，构成了特殊的自反性危机，如果不能更新观念，积极进取，正确面对，后果将非常严重。因此，必须树立前瞻开阔的进取意识，不能故步自封，要勇于接受来自多方面的挑战，做好应对各类风险的准备，建设持久高效的学习型组织，努力做到长治久安。自反性危机管控流程如图6-2所示。

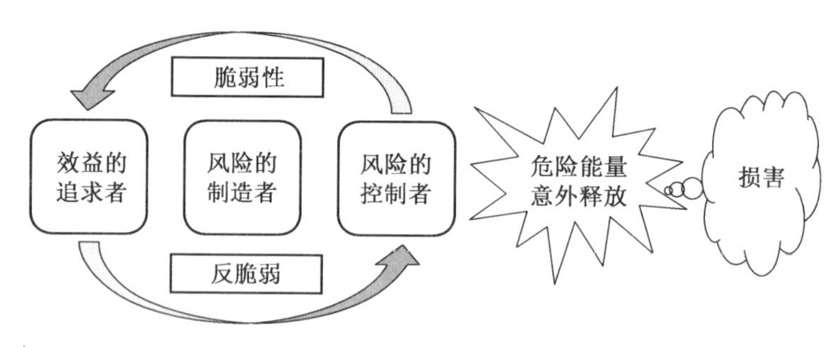


图6-2　自反性危机管控流程

进取意识的树立是一个相对比较漫长的过程，从组织的角度应全力构建学习型企业，鼓励全员学习和自我超越，积极营造敢想、敢言的安全文化氛围。员工在这种安全氛围中，主动学习，开拓思路，不断探讨，勇于改进。在构建积极进取的安全文化氛围时，要特别注意运用辩证思维，培养系统思维能力，激发群体智慧，建立新的愿景，勇于超越自我，通过促进创新提高企业和员工安全竞争力。

## 二、安全知识建设——追踪变幻风险

卓越阶段的安全知识建设强调追踪变幻风险，要求全员在安全风险形态发生重大变化形势下不断拓展知识领域，广学博识，上下求索，加强知识储备，深化对新生安全风险的认识，提高应对突发事件的能力。通过不懈努力把企业建设成学习型企业，为防风险、除隐患、遏事故、会应急不断取得成功奠定坚实的基础。

学习型企业要始终保持不断进取的状态，通过广泛深入的学习化解安全生产中出现的各类问题，特别是在安全风险急剧变化的大环境中要积极追踪新的安全风险动向，创新安全生产技术。

当前有两类需要高度关注的新生安全风险，作为正在创建卓越安全文化水平的企业有必要通过积极拓宽视野，探索行之有效的防控方法，发挥不断进取的示范作用。

第一类风险属于人工智能纳入安全活动主体以后，安全知识和能力准备不足产生的新风险。在信息化社会，智能系统在安全活动中扮演了关键角色。任何社会的生产资源主要是人力、物力和财力，而信息化社会安全生产资源中的关键变量是信息。能否充分理解和掌控以智能化工具为代表的新生产力工作原理、技术特点和风险构成，能否将安全设施与主体设施同时设计、同时制造、同时投入使用，决定了信息化社会安全发展水平。如果过于乐观，就会带来意想不到的损失。例如，某晚，一辆网约车公司开发的自动驾驶测试车，因未能检测到有人横穿马路而撞向行人，当时车上正在看手机的操作测试员在最后1秒发现问题，紧急避让已经来不及，行人被撞丧生。事故引发了人们对这项技术的安全性和相关规定的全面性的质疑。这起事故说明，任何新技术、新设备的投入使用，都存在一个磨合期，绝不能掉以轻心。特别是在智能化代替人的过程中，更要强调故障导向安全的原理。

第二类风险属于职业安全与公共安全两种旧风险叠加以后形成的新风险。职业安全具有国际风险界常说的灰犀牛特征，由于生产流程基本稳定，大多属于有规律可循，可预测，但经常被忽视。公共安全具有“黑天鹅”的风险特征，不确定性比较高，事前难以预测，事后也难以总结规律。两种风险叠加以后兼具“黑天鹅”和“灰犀牛”特征，既存在因司空见惯而视而不见的问题，又存在因十万火急而猝不及防的问题。所以经常产生重大的公众生命和财产损失。例如，郑州地铁停车场防水墙质量不合格，因为平时没有遇到强洪威胁，并没有引起对这一重大隐患的高度重视，长年相安无事。但是在遇到2021年7月20日那场洪水后停车场轰然倒塌，导致水淹地铁，500余名乘客被困，14名乘客死亡。又例如2011年“7·23”甬温线特别重大铁路事故，由于频发的落地雷击断了单路供电轨道电路，引发闭塞区信号故障，加上列控中心设备存在异常，最终造成列车追尾，40名乘客死亡等重大损失。两起事故都是由于平时的安全管理不到位，风险承载体应对突发事件的反脆弱能力严重不足，经不起外界的扰动威胁导致的。

为了使员工达到广知广会，有效防控各类不断演化的风险，企业应根据生产安全事故难以实景真现的问题，运用虚拟技术创设安全生产仿真培训环境，不但解决看不见、进不去、危险大等特殊困难，还可以对未知风险进行虚拟研究，为员工安全知识学习和安全技能训练创设条件，为应对各类风险奠定理论和实践基础。

学习型企业的安全文化是一种通过不断学习，实现自我超越的文化；是一种强调系统思维，积极促进创新的文化。在创建学习型企业安全文化的过程中，要对新时期的安全内涵及演化机理进行再认识，对新业态、新技术的出现而带来的新风险特征和规律进行深入分析，不断拓展知识面，做到有备无患。

## 三、安全行为建设——强调自强不息

卓越阶段的安全行为建设强调自强不息。自强不息是一个传承广泛而久远的汉语成语，出自《易经》，原文是“天行健，君子以自强不息”，意为天体的运行总是那么刚健有力，有修养、有作为的人应该像天体一样，自觉努力向前，永不停步。安全文化建设就需要以这样的精神坚持不懈，自强不息。信息技术的高速发展，使得原来所熟知的工业社会环境和技术设备发生了巨大变化，带来了一系列特殊的动态风险。在关注如何提高发展速度的同时，必须超前防范、时刻关注发展过程中可能出现的新生风险征兆，研究新生风险的规律，采取新的措施，持续提高新时期防风险、除隐患、遏事故能力，做到与时俱进，“苟日新，日日新，又日新”。

自强不息有三层含义。第一层含义强调的是自发奋进，自我发展。与以往阶段员工安全行为建设不同，卓越阶段的安全行为更多强调的是员工为达到安全愿景而采取的自我发展、自我完善、自我约束、自我提高的行为。通过安全文化强大的导向性、凝聚性、辐射性和同化性，使安全文化自我改进、持续提升的精神深入人心，最终转变为员工自然而然的自发行为。这种行为是很难通过外部的强制性手段进行塑造的，而是员工发自内心认识到安全的重要性，树立良好的安全职业观，自内而外、化被动为主动、化外部约束为自我约束的安全行为。第二层含义是明确做强、做好的目标。有些企业在安全文化建设达到优秀阶段以后，感觉像船到码头车到站了，失去了进一步发展的动力。把评上荣誉称号作为终极目标，为评而评，员工也觉得创建优秀太辛苦，也就松了一口气。常言道“百尺竿头，更进一步”，取得很大进步以后，仍需继续努力。新的阶段性目标，有助于激励员工的工作热情和责任感，增强企业的竞争力和抗压能力。第三层含义是要想做强、做好，就要生生不息。安全永无止境，安全文化建设同样永无止境。坚持不懈进取，才能持续前行。

关于自强不息，《孔子家语》中也有一句很精辟的箴言，“笃行信道，自强不息”，这句话把自强不息的态度和信念都表达出来了。安全文化建设就是要这样踏踏实实笃行，坚定不移信道，持续前行，不懈追求。

卓越阶段的安全行为建设要通过自强不息的努力，使习惯性遵章行为升华为自然安全行为。达到安全科学运用自如，安全操作从容自如，突发事件应对自如，实现风险的可控、能控、在控，推进安全文化建设从必然王国跃升到自由王国。

## 四、先进安全文化的标识

检验一个企业的安全文化建设是否达到先进水平，微观上有很详细严谨的考核指标，宏观上先进的安全文化主要有六条重要的标识。

其一，安全第一、以人为本的价值观已经形成共识。共识就是企业从员工到领导都从思想上一致认可安全第一、以人为本的价值观，在考虑规划方案、建设进度、营利指标等目标时都能自然而然地把风险防控放在首位。

其二，安全已经成为企业领导的内在需求。作为企业的领导者和经营活动的决策者，安全第一的理念已经融入思想深处，能够自觉地从保护员工安全的角度出发关注安全，重视安全，而不是出于规避责任不得已而为之。

其三，安全已经成为员工的权利。法律赋予员工的安全权利既包括可以参与到企业安全生产工作之中的知情权、监督权和学习权，还包括保护人身安全的作业避险权、违法检举权和工伤赔偿权等，充分体现出企业员工在安全生产中的主人翁地位。

其四，员工都能履行安全责任的承诺。安全承诺是安全诚信体系重要的组成部分，一诺千斤重。企业每一名员工都能公开作出安全承诺，认真实践安全承诺，认真接受组织和同事的监督，这是严格履行全员安全生产责任制的保障。

其五，员工都能娴熟地掌握安全知识和技能。娴熟地掌握安全知识和技能，是规范安全行为的基础。只有把企业建设成为学习型企业，形成浓厚的不断进取的风气，持续更新知识储备，才能对错综复杂和瞬息万变的风险应对自如。

其六，安全生产的状况持续和谐稳定。安全状况的长期稳定，是以企业和谐的氛围为保证的。只有调动起全体员工的积极性，企业上上下下和衷共济，协调一致保安全，才能使安全具有可持续性，才能做到长治久安。

# 第七章
# 安全文化退化与潜流文化治理

企业安全文化的发展是一个循序渐进、永无休止的长期过程，需要持之以恒，逐步渗透到企业生产过程的方方面面，只有坚持不懈，才能使企业牢固树立安全观念，达到长治久安。如果满足于一时成绩，放松管理，潜流文化就会抬头，安全文化就会出现退化现象。

# 第一节　安全文化退化分析

大多数企业在创办伊始，都是全力以赴争取实现不断发展的，部分企业也陆续取得了不少成绩，但是有的企业在取得了一定进步以后接连发生了安全问题。为了解决这些问题，企业也采取了如人员严格管理、设备抓紧改造等紧急措施，但是成效甚微，究其原因，往往都是安全文化出现了明显退化。

## 一、安全文化退化阶段的表征

根据企业安全文化在安全理念、安全知识、安全行为方面存在问题的程度不同，以及导致事故发生的频率和大小不同，大致可以将安全文化退化分成自我满足、潜在风险和组织事故三个阶段，如图7–1所示。

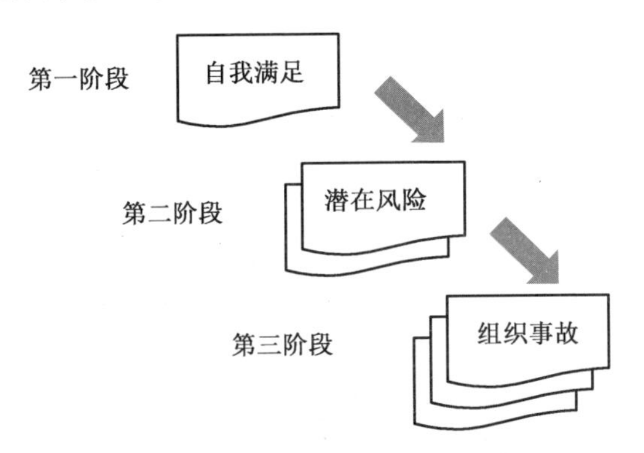


图7–1　安全文化退化阶段示意图

1. 第一阶段：自我满足阶段

在自我满足阶段，由于企业对自身的安全文化水平过于自信，逐渐出现安全文化退化的初始征兆。这主要缘于满足于过去长期在安全文化建设中所取得的良好成绩。长期的安全稳定局面容易使企业出现麻痹大意的现象，表现为逐渐忽视安全文化的持续改进，停止安全文化向前发展的步伐，不注意安全文化的导向作用。企业在安全生产过程中的安全隐患和安全缺陷开始出现，却很难发现和引起高度重视，最终导致一些轻微事故的发生。由于未认识到其重要性，只是当作偶然的问题，没有防微杜渐的安全意识，相应的改善措施也变得迟缓。

2. 第二阶段：潜在风险阶段

由于长期的自我满足未得到应有的重视，使得企业轻微事故不断出现，随之而来的开始出现个别大事故，此时企业的安全文化已经退化到了潜在风险阶段。由于企业的管理者出于文过饰非的目的，或者对安全的认识水平有限，经常把这些暴露的安全问题当作独立偶然的个别事故，并不从安全文化的深层次研究问题，不对事故作根本原因分析。企业缺乏安全监督人员的有效警示，面对安全问题未采取根本性的解决措施。

3. 第三阶段：组织事故阶段

安全文化退化到第三阶段——组织事故阶段时，企业的整个安全文化体系已经完全崩溃，出现了很普遍的系列性的事故现象。企业领导的安全理念出现严重问题，一味追求经济效益而拒绝接受监督，特别是拒绝来自生产第一线人员的批评。安全生产只是寄托在碰运气上，出现问题以后或者保持沉默或者一味上推下卸。企业的安全生产监督部门形同虚设，此时企业的安全生产局面十分严峻，需要进行全面而彻底的整顿，当然这需要花费大量的财力、物力、人力。

企业安全管理者对于安全文化退化问题必须始终保持足够的警惕性，因为安全文化退化也如同其建设一般，都有一个过程。退化速度的快慢取决于企业安全管理是否能及时准确地发现问题、认识问题和采取相应措施解决问题。若企业能始终保持积极的安全态度对企业进行持续改进，就可以避免安全文化退化，如果稍有松懈，则会出现退化的初期征兆，此时，安全管理者就应该积极控制企业安全文化向更低层次恶化，努力使企业的安全文化建设走向正常的轨道。

## 二、安全文化退化的自我诊断

企业安全文化退化如同疾病一般，在发生前一定会出现一系列征兆，企业可以依据这些征兆进行自我诊断。国际原子能机构2002年出版的《核电站安全文化自我评价》（TECDOC—1321）分别从企业员工和管理人员两个不同的视角，诊断出的企业安全文化退化现象时常会出现的征兆。国际原子能机构认为认真分析退化征兆的特征并加以防范是企业安全管理工作的重要内容。企业在进行安全文化自我评价的过程中，可以参照这些征兆特征拟定适合本企业的标准，诊断目前安全文化建设过程中存在哪些不足和缺陷，为企业有针对性地治理安全文化退化提供支持。

**（1）从企业员工的角度诊断企业安全文化退化时所呈现的征兆特征：**

① 缺乏系统的安全文化建设体系。

② 程序文件不完备。

③ 缺乏对事故的详细分析和经验教训的总结。

④ 资源不匹配。

⑤ 违章行为及事故不断增加。

⑥ 改善措施迟缓的情况明显增加。

⑦ 对设备的运行、维护的状况认识不清。

⑧ 未对员工关注的安全问题引起高度重视。

⑨ 过于关注事故的技术原因，而忽视了人为因素。

⑩ 缺乏事故隐患的报告体系。

⑪ 缺乏自我评价的过程。

⑫ 安全生产工作的知识能力水平偏低。

**（2）从管理者的角度诊断企业安全文化退化时所呈现的征兆特征：**

① 企业以往的安全文化对新的安全文化建设的影响。

② 安全质量监督管理部门在企业中的地位低下，不受重视。

③ 群体组织的对立，导致企业内部潜流文化的形成。

④ 管理者缺乏相应的安全管理权力。

⑤ 企业组织结构孤立，缺乏有效的沟通。

⑥ 安全知识、安全信息匮乏。

⑦ 缺乏有效的团队协作精神。

⑧ 对企业外部安全监督检查部门的意见未引起高度重视。

⑨ 管理者自身的监督体制存在缺陷。

企业在安全文化建设时可以结合自身企业的特点，从上述安全文化退化征兆特征所涉及的内容出发进行对照比较，及时更新安全理念，加大安全行为的力度，积极加强安全知识和能力培养等基础工作，同时不断学习和借鉴先进的企业安全文化建设成果。这样培育出来的安全文化才是持久的、积极的和不断向更高层次发展的。

## 三、安全文化退化原因分析

从企业员工和管理人员两个视角识别出企业安全文化退化的征兆，可以按照安全文化三元特点分析出企业安全文化退化的原因。

### 1. 安全理念出现偏差

分析安全文化退化的征兆可以发现，在管理者层面安全理念存在的问题更多，在员工层面存在的问题相对少一些，这也符合企业发展理念是否正确主要取决于决策者、管理者。安全理念问题主要表现为：企业旧有的安全文化影响了新安全文化建设；安监部门在企业中的地位低下，不受重视；群体组织产生了阻碍改革的潜流文化；管理者缺乏相应的安全管理权力；缺乏系统的安全文化建设体系；未对员工关注的安全问题引起高度重视；过于关注事故的技术原因，而忽视了人为因素。

企业安全理念薄弱，就会导致生产过程中捕捉不良征兆的敏感性不足，反应迟钝，行动滞后，缺乏系统解决安全缺陷的相应措施。安全理念培育是安全文化建设的重要环节，它决定着企业对安全总的价值选择。在观念上，有些企业在实际工作中存在着重效益轻安全的思想，过于关注企业的经济效益、生产进度、产业规模等，而忽视了安全目标。出现事故以后关注最多的也是产生事故的技术原因，而忽视了人的安全意识作为安全生产要素的重要作用。

### 2. 安全知识支撑不足

安全理念方面存在的问题必然影响安全知识的建设，主要表现在企业对设备的运行、维护状况的认识不清，风险防控知识储备不足；员工安全生产知识能力水平偏低；企业部门之间缺乏有效的沟通交流，难以形成相互之间有效的配合；缺乏事故隐患的报告体系，员工需要掌握的安全信息匮乏。

人的知识结构和水平直接影响对安全重要性的认知和判断，对安全知识、安全操作技能等的理解和掌握。很多企业的安全文化出现退化的一个重要原因就是忽视了安全培训教育的重要性，安全培训投入不足，反事故演习走过场，同时也没有事故综合系统分析和教训提炼。这样就导致企业员工的安全知识和技能缺乏，在工作岗位，特别是重要岗位的员工，如果缺乏安全的宣传教育和专项培训，难以做到人事相宜，很容易发生事故。

### 3. 安全行为导引不到位

安全文化退化必然直接表现为安全行为出现问题，主要表现包括：企业部门之间缺乏有效的团队协作；外部安全监督检查部门的意见未引起高度重视，改善措施迟缓；管理者自我监督、自我评价体制存在缺陷；安全管理程序文件不完备，安全资源配备不到位；违章行为和事故不断增加。

安全行为是企业安全文化水平的重要表征。安全行为存在的问题从根本上来说还是理念方面的问题。如果企业自身缺乏全员安全生产的自律意识，过分依赖制度约束和外部监督，是不会从根本上解决企业安全问题的。安全诚信缺失，就会导致失误隐瞒，不及时报告。安全责任不足，就会不重视自我检查，争功诿过。只有安全文化的引导和约束充分发挥作用，才能从本质上强化安全管理，小问题滚成大问题，侥幸违章演化成习惯性违章，安全文化必然迅速退化。

## 四、企业安全文化退化治理思路

安全文化退化需要引起企业安全管理者的高度重视，一旦出现退化的征兆，就要及时采取措施，避免出现连锁反应。否则，企业的安全文化体系就会由于思想的松懈而出现漏洞，引发一系列安全问题，甚至酿成严重的事故后果。

### 1. 安全文化不能只重建设，不重保持

很多企业都意识到安全文化建设的重要性，也在积极创建国家级、省市级安全文化示范企业。但是，安全文化建设犹如逆水行舟，不进则退。只重建设，不重保持，就会出现安全文化退化的征兆，严重的甚至滋生事故。

当企业安全文化建设水平有了明显提升，并获得了一些荣誉称号以后，企业的安全生产工作常常会处于众目睽睽的聚光灯之下，社会对企业的安全生产要求也会更高。在这样的大环境中，企业更应该注重后续的保持和创新，绝不能不切实际地自我感觉良好，有意无意地放松安全管理，那样就会功亏一篑，需要付出更大、更艰苦的努力，才能避免辛辛苦苦建设得来的成果付诸东流。企业员工必须明白创业不易，守业更难。安全工作永无止境，安全文化建设同样永无止境。只有有效地提高全员安全生产的积极性，提升全员安全操作技能和意识，才能推进安全生产持续发展。安全文化建设需要牢记逆水行舟当奋楫，一篙松劲退千寻。安全文化一旦出现严重退步，就会给企业全员带来沉重打击，重整旗鼓需要

付出更艰苦的努力。

保持荣誉不是消极地为保而保，而是需要百尺竿头更进一步，在已经取得成绩的基础上进一步创新前行，需要更加深入地挖掘企业的潜力，调动全员的创造性，才能找到新的突破点。如果为保住荣誉而采用简单卡压办法，就会失去建设安全文化的内在意义。

### 2.安全文化建设要注重内涵式发展

部分企业认为安全文化建设主要是形象建设，把主要精力用于建设文化长廊、悬挂标语、统一口号、集体表演等外在形象上，忽视思想理念的提高、知识技能的充实。应该说，安全文化外延式的形象建设十分必要，对于振奋精神、统一行动有重要作用。但是凡事过犹不及，形象工程如果超过了员工的认识程度，反而会引发对立情绪，成为安全文化滑坡的诱因。因此，人们必须认识到安全文化建设最重要的是内涵式发展，要让员工自然而然地接受企业的安全生产理念，从思想上自觉地认同企业的安全发展理念，充实安全生产知识，提升安全生产能力，规范安全操作行为。

内涵式发展要更加注重全体员工内在安全素养和安全潜力挖掘，追求安全水平稳步提升，而不是一味地追求外观形式上的高大上，要做到“心中有数”，聚焦企业安全生产应该做的事。

内涵式发展要提升安全文化品位。安全文化品位体现了一家企业的文化底蕴。要增强安全文化自信，提高安全文化自觉，充分调动全员为了安全而积极付出的热情，使安全文化在企业春风化雨、润物无声中营造良好的安全文化氛围，稳步推进安全文化发展。

### 3.站在安全文化的高度治理安全滑坡

安全文化退化的表现是安全状态滑坡，违章成风，事故频发，但是治理安全生产中存在的问题不能头痛医头、脚痛医脚，就事故管事故、就违章管违章，一味地依靠严格的规章制度、增设技术手段的安全管理，而要站在安全文化的高度认识到问题的症结存在于个体和群体中的安全文化问题中。

就个体而言，违章之所以成为习惯，是因为本人深信违章可以为自己带来益处，所以采取习以为常的违章行为，形成了违章的习惯性，构成了个体违章文化。

就群体而言，违章之所以在一定的群体范围内亦步亦趋，是因为在这个群体中对于违章的益处人云亦云，对于违章的经验相互传承，对于违章的行为亦步亦趋，造成了违章的流行性，构成了存在于群体中消极的潜流文化。

习惯性违章和流行性违章很多来自“聪明人”的“发明创造”。当集体的安全文化退化时，违章先行者所积累的“经验”就会在群体中通过言传身教影响群体的行为，形成违章—实用—排他—传承的潜流文化。管理者如果不能积极建设先进的安全文化，把习惯性违章和流行性违章改变成习惯性遵章和群体性遵章，就会使一系列安全措施形同虚设。

鉴于潜流文化可能产生的巨大破坏作用，企业应该站在安全文化的高度施行系统治理，要从理念纠偏做起，从知识灌输着手，从行为规范出发，营造强大的安全文化氛围，使习惯性违章变为习惯性遵章，通过以安全文化高屋建瓴的引导，使企业做到全员自律，齐心协力遏制逆向流动的潜流文化泛滥成灾。

## 第二节　需要高度重视的潜流文化

在企业安全文化退化治理中，不能轻视与主流安全文化并存的潜流文化。潜流文化在企业安全文化退化中常起到十分重要的作用，但是由于它的隐蔽性，往往被安全管理者所忽视。重视研究潜流文化的概念、特点、演化规律和治理方法是预防和遏制安全文化退化十分重要的工作，切不可掉以轻心。

### 一、潜流文化的概述

潜流文化作为相对于主流安全文化的一个概念，同属于文化的范畴。目前，关于潜流文化的概念和管理方法在安全管理领域相对比较新，对它们的研究还不成熟。

#### 1. 潜流文化的内涵

潜流文化是一个相对的概念。如前所述，安全文化包含主流安全文化和潜流文化两种基本的存在形态。主流安全文化的核心是通过有意识地树立安全理念，强调团队精神，使员工安全价值观同企业保持一致，用文化的认同来化解安全管理矛盾。潜流文化是与主流安全文化相对应的一种不易被人们所识别，存在于员工个人或非正式群体中的潜在层次的安全文化。潜流文化主要存在于非正式群体中，也存在于相互独立的个体人群中。

从文化主体对安全文化选择和倾向性上看，主流安全文化主要是由企业的领导者来推动的，如果这种推动符合企业的实际，顺应企业发展的趋势，引起了企业安全生产主体的一线员工和基层管理者的共鸣，主流安全文化与潜流文化浑然一体，安全文化建设就如鱼得水；如果这种推动缺乏群众基础，忽视员工的个性，容易表现为强行灌输的形式，引起群众的抵触情绪。而作为企业安全生产行为主体的一线员工和基层管理者就很容易选择、接受和奉行消极的潜流文化，对企业保证安全生产开展的各项工作和安全管理的创新变革持悲观消极的态度，采用嘲笑和挖苦的方式表达其对企业安全生产管理的不满情绪。

潜流文化主要有语言形式和非语言形式两种表现形式。语言形式主要表现为员工对企业安全管理的口头评价，用语言形式来表达的员工通常是性格外向、善于言辞、头脑敏捷、富有幽默感，常常用顺口溜、笑话等隐喻表达对现有安全生产状况的反应；用非语言形式来表达的员工通常是性格内向，善于思考而又心存疑虑，常见的非语言表现形式有肢体语言、漫画、手机短信和电子邮件等，通过这些方式明确或含蓄地表露对现有企业安全管理工作的看法，宣泄一些情绪。有些潜流文化已经深深融入了人们的安全生产习惯中，虽然人们并非总能意识到它们的存在，但是无形中对企业的安全生产产生了消极影响。

潜流文化和主流安全文化是安全文化的次级文化，两者共存于企业安全文化环境之下。由于同一企业的安全文化群体会受到两种不同安全文化的影响，就可能引起潜流文化和主流安全文化主体发生冲突，在一定条件下发生相互转变。

### 2. 潜流文化的特点

企业中的主流安全文化经常是有组织、有计划公开提倡、广泛宣扬的，其文化情绪主体是积极的、进步的。而潜流文化通常潜存于企业文化的深层次，属于“情绪化的意识形态”，虽然潜流文化有积极和消极两个侧面，但是消极的成分是主要的，严重的甚至会阻碍企业安全文化建设发展的脚步。因此，企业安全文化建设的一个重要工作内容就是要充分认识到潜流文化的存在，了解它的特性，并对其加以有效的引导和规范。潜流文化除具有文化所共有的基本特性外，由于其产生的背景、对象等不同，又具有独特性。

1）潜流文化的隐蔽性

尽管所有文化都有“外显”和“内隐”两个部分，但是潜流文化主要体现在内隐的深层次意识形态上，其外在表现通常只是采用委婉含蓄的方式来表达对主流安全文化的抵制。这种文化在企业内没有明确统一的成文规范和约束制度，隐形存在于员工的心灵之中，只有身处同样文化氛围的员工才能深刻体会到。

2）潜流文化的离散性

潜流文化常以个人安全价值观为内核，反映的是员工的个体思想。有多少不同的员工个体就可能有多少个不同类型的潜流文化表现形式，它并不要求统一为一个共同的安全价值观。企业在安全文化建设中，过于简单地要求树立企业所倡导的安全生产理念，而忽视员工个性的表达，不重视员工安全生产方面的个人意

见，反而激发了员工为了维护自己原有的个性而形成自己独特的文化

3）潜流文化的传承性

企业的社会化生产环境为潜流文化的传播提供了天然的途径，员工与员工之间、员工与管理者之间，以及管理者与管理者之间的非正式沟通交流，都会使潜流文化的价值理念广泛扩散开来，而且这种传承力度很大。企业的文化氛围会对员工个体产生不同程度的影响，一旦形成个体的安全价值观念将很难改变。在实际的安全生产工作中，潜流文化经常发挥着支配作用，如果失去约束，可能逐渐养成一些不良行为，形成了习惯性违章。

4）潜流文化的不稳定性

潜流文化的不稳定性主要体现在两个方面：一是潜流方向的不确定性，发挥的作用复杂；二是文化群体的主体组成不稳定。不同文化个体的安全价值观念不受任何规范的约束，同时很容易受到外部环境等因素的影响，个体往往会逐步向能满足其安全需要的文化方向发展，导致潜流文化的流向有很大的不确定性。同时潜流文化的群体成员具有明显的个性特征，在没有外部规范约束的情况下，随时可能融入不同的潜流文化氛围中。

### 3. 潜流文化的消极表现

企业中的潜流文化在管理失误或者失控的状态下经常表现为与安全生产需求相悖的形态，其典型表现主要有：

（1）安全理念上消极被动。思想上否定“安全第一”的安全理念，认为企业长期坚持的安全生产管理工作并不重要；安全生产积极性不高，认为加强和开展安全工作纯属人财物力的浪费。很多企业的员工并没有真正认同企业所倡导的安全文化理念，他们认为安全文化建设是领导者和安全管理部门的事情，对于他们而言只是在安全工作后面增加了文化两个字而已，感觉安全文化建设前后的区别只是增加了很多额外的负担和约束。员工积极回避企业主流安全文化对他们的影响，安全管理与我无关，自己只需着眼于眼前岗位的工作，认为只要把本职工作做好了自然就安全了。

（2）安全知识上不思进取。其根源在于安于现状，思想消极，不思进取。混日子思想严重，工作上凭老经验吃老本，不愿意接受新事物，满足于差不多就行，思想上留恋过去，个别人不学无术，得过且过，安于平庸。工作上满足于上指下派，毫无创新意识，同时，害怕和嫉妒创新，无所事事。

（3）安全制度上敷衍了事。在工作中不能严格执行各项制度、规定及标准，

执行过程中虽然能够依据一定的标准，但要求较低，使既定标准形同虚设。安全管理上走过场，形式主义较盛行，干工作重形式、轻内容，重表面，轻效果；花拳绣腿，面子上好看，而对违章的处理没有产生震慑力，没有收到“处理一个，教育一片”的效果。

（4）安全生产行为上习惯性违章。员工在长时期的安全生产中逐渐养成的、一时不容易改变的不良行为、倾向或社会风尚，在工作中往往被忽视，时间一久，便成为见怪不怪的日常现象，以至于在工作中屡改屡犯，反复发生。有时心存侥幸，虽然知道属于违章，但自以为安全，图省事，不采取可靠措施就作业，往往忘记了安全存在的不可预见性和事故发生的意外性，长此以往形成了习惯性违章的不良习惯。

## 二、潜流文化的形成

文化的形成需要通过人群之间思想的相互渗透、补充，最后升华为文化。在生产的社会化形成生产的组织群体时，就会逐渐形成组织的安全文化，如果企业没有有意识地建设安全文化，那么这种文化只存在于潜流之中。如果企业在建设主流安全文化时重视对已经存在的潜流文化的发掘和管控，那么所建设的主流安全文化就能够反映大多数群体的心声，有悖于主流安全文化的部分就难以形成气候。相反，如果企业忽视潜流文化的客观存在，强制贯彻领导者脱离实际的主观意图，那么群体也会以文化的形式来抵触。

背离主流安全文化的潜流文化从来不是凭空产生的，都是在特定的企业背景和适宜的文化气候下才能形成的。

### 1. 简单的文化强制

由于安全生产规范性的严格要求，使得企业安全文化建设与其他文化建设更具有强制性特点，更强调法规和制度的效力。因此，安全文化建设更应该深入挖掘已经存在于群体之中的潜流文化的本质需求，采用人本主义的方法建设和推动安全文化。然而，很多管理者缺乏群众视角和必要的耐心，总是试图以简单的强制力量推动安全文化建设，结果是事与愿违。

在强制推行领导层所拟定的安全文化过程中，员工很快便会意识到自己实际上处于被动和受制约的地位，于是很容易对美好的安全价值失去信心，对于企业所竭力营造的安全文化氛围感到反感，导致工作热情下降，工作满意度降低，由此产生与主流安全文化背道而驰的潜流文化。

在实际的安全生产中，可能会发现有这样的员工，他们总是对企业的人和事抱有一种敌对心理，甚至非常频繁而公开地表现出来。如果这种公开敌对式行为持续下去，可能会导致部门内员工的不满与士气下挫，也很容易激怒别人，破坏性效果是不能忽视的。

### 2. 缺乏来自组织的沟通

沟通是构建企业安全文化的重要方式之一。有了沟通，才有共识，才有协作，才有集思广益，才有群策群力，才有团队精神，才有信息的互动和知识的共享，才有企业员工对企业核心安全价值观念的认同和提升。在贯彻安全文化过程中，员工感觉没有被告知真实的具体内容，缺乏有效沟通就会导致由这种信息的不平衡感引发的不良情绪。企业员工不良情绪与信息沟通的关系见下式：

$$E=N\left(H-C\right)$$

其中，$E$为不良情绪，$N$为对信息的需要，$H$为预期的信息量，$C$为获得的信息量。如果员工预期的信息量大于获得的信息量，公式结果为正值，则表示沟通不足，会产生消极的影响和不良的情绪。

企业建设安全文化的过程中，如果缺乏来自企业上级和团队代表的有效沟通就会使员工缺乏对企业安全管理的认同，很容易导致不良情绪的产生。没有良好的信息互动和知识共享，整个企业缺乏一种良好的协同和创造力，使得安全管理工作很难有效地、深入地、持续地开展下去。

### 3. 新环境的扰动

在企业的发展过程中，会不断有新员工进入新企业，或者老企业并入新集团，不同文化背景的员工组合到一起，由于各自已经形成了自己的安全文化，对生产过程中保障安全的做法已经习以为常，甚至形成了习性。新老员工对安全生产的认识和价值观不同，对原有安全文化的习惯认同，对别人的安全生产习惯、安全价值观，以及企业的安全生产管理方式难以接受。彼此在做事风格、考虑问题、管理思路、决策模式等方面存在的分歧，很容易形成安全文化冲突。老员工认为自己的那一套办法和思维模式最管用，是行之有效的，新员工必须强制服从。新员工则认为现有企业的经验和工作模式不适应形势的发展，但是由于势单力薄无力改变，在压力之下，新成员就会感到压力和不自在，新员工之间就会产生共鸣，形成与现有企业的安全文化相对抗的潜流文化。

#### 4. 新变革的冲击

企业为了解决安全生产中的问题所进行的变革，带来了组织生活的不确定性。企业中不同层级的管理者和员工对安全生产变革的尝试所持有的热情程度是不一样的：高层领导和管理者可能将变革作为一种挑战或者对不断变化的竞争环境作出的适当的、及时的调整。而处于低层次的员工则可能将其视为打乱原有习惯工作方式的干扰，是不可理解的。未来的不确定性越强，变革越频繁，员工的情绪就越严重。

如果变革只是口头的宣传，没有深入人心，员工就会有一个合理的解释，认为这些变革只是一些花架子，是愚弄群众的伎俩，于是人们就以不变应万变，用潜流文化的消极态度来应对安全生产过程的每次变革。

#### 5. 心理契约的违背

心理契约是企业组织与员工对于相互之间责任和义务的理解与期望。由于组织与员工之间存在互惠互利的相互关系，双方都需要一定的付出，同时也需要一定的收益，这种交换依赖于人们内心的社会规范和价值观并以此进行衡量。当相互责任对等时，双方才得以维持长久、稳定、积极的关系。企业在安全管理的过程中，如果工作不到位，未能使员工充分认识到与安全工作相关的心理契约的落实，就容易使员工感觉自己坚持安全生产却没有赢得相应回报，而产生期望受挫、认知改变，进而形成心理契约破坏，继而导致员工出现不良情绪或情感的反应，如失望、愤怒和悲痛等。

心理契约破坏是影响员工对企业安全生产的态度和行为的决定因素，因而也是企业形成潜流文化的基本决定性要素之一。当员工连续感到心理契约被违背时，会产生强烈的消极反应和后续行为，对组织不再信任，对安全工作不再热心。

# 第三节 潜流文化的管理与控制

企业中潜流文化的客观存在，既可能对企业安全工作变革中的消极因素起到制约、限制作用，成为变革偏离方向的警示信号，也可能对企业积极的变革起到干扰的作用，成为企业安全管理工作的绊脚石。对于正在大力进行安全文化建设的企业来说，这是不容忽视的现实。如果不认真对待，将会对企业安全生产的发展产生难以想象的阻力。遗憾的是，许多企业只是一味地推动表象安全文化建设，忽视潜流文化巨大的作用，结果使得安全文化变成了一些空泛的口号，一些枯燥的标识，根本无法渗透到员工心中，更无法变成员工自觉的安全生产行为。因此，对企业潜流文化的合理管控十分重要。

要应对潜流文化，企业的安全管理工作需要借助各种安全保障措施，从不同的角度对其加以管控，尽最大的努力使潜流文化融入企业总体安全文化建设中来。

## 一、扬长避短与加强引导

事物都是一分为二的，对于潜流文化也不能一棒子打死，要注意挖掘有利因素。管理者必须深入了解潜流文化参与者的思想状况，找到问题的根源对症下药，这样才能实施成功的思想引导，使不利因素向有利方向转化。

### 1.扬长避短

谈到潜流文化，人们经常只看到消极作用，看不到积极作用，所以处理方法难免有失偏颇。事实证明，潜流文化既有消极的一面，也有积极的一面。当潜流文化的作用与主流安全文化基本取向一致时，对于企业的安全管理起促进作用。当潜流文化的作用与主流安全文化基本取向不一致时，对于企业的安全管理起干扰甚至抵消作用。在潜流文化的管理中，要扬长避短，注意充分满足员工在企业内部交往中受关注、受尊重的需要，促进干部与群众之间，群体成员之间的感情基础，用非组织联系推动工作。同时还要利用潜流文化畅通的信息管道，了解员工的思想动态和对安全管理的意见和建议，及时改进工作。对于潜流文化的主导者，不能采取简单的压制或限制，要加强引导，发挥他们在促进主流安全文化中的积极作用。

#### 2. 加强引导

安全思想引导的目的是运用一系列的引导方法将潜流文化参与者偏离主流安全文化的思想重新引入正轨。

安全文化建设首先强调安全第一、以人为本价值观的建设，对潜流文化的引导要使潜流文化参与者了解自己某些不符合安全规律的认识和理解的局限性。企业员工只有了解自己认识和理解的局限性，才可能接受与容纳别人的观念，才可能认可和接受企业共同的安全价值观。

首先，作为企业安全文化建设的管理者对安全文化理念和价值观念的深刻认识是安全思想引导的先决条件。如果管理者自身对企业倡导的安全理念认识不清，那么引导非但起不到引导的作用，反而很可能成为误导，诱发潜流文化的产生。因此，安全思想引导本身要求企业的管理者必须深刻认识和理解安全文化的本质，对安全文化的理念有比较清楚的认识。

其次，企业安全管理者对潜流文化参与者要有深刻的认识。管理者相对于潜流文化参与者对安全思想观念有更正确的认识，这是引导成功的先决条件。引导安全思想是做企业员工的安全思想和观念的工作，每个员工都有自己的个性，因此，涉及员工的安全思想、观念问题更加错综复杂，不能简单地就事论事、一概而论。

### 二、充分沟通与扩大参与

只有通过充分的沟通，才能避免上下情绪对立，才能使员工真心实意地参与安全活动。员工拥有充分的表达机会，潜能才能有正常的释放渠道，才能使安全决策更加科学。

#### 1. 充分沟通

员工希望企业是一个自由开放的系统，能在企业内部自由平等地沟通。如果组织不提供交流的平台，员工就只能自开渠道恣意宣泄，如果强行堵塞，就可能日积月累，泛滥成灾。管理层只有听到平时听不到的意见和建议，才能有利于信息的上下沟通，培养员工对组织的认同感和归属感，不断增强员工对组织的向心力和凝聚力。在企业安全生产的过程中，内部沟通差的员工会对整个企业及安全管理者的动机表示不信任，潜流文化的现象比较严重。面对面的双向沟通是最有效的沟通方式，称职的管理者必须更多地着眼于心理沟通而不是支配上。

对所有的员工都要提供及时、适当和可信的信息。特别是在企业安全生产变革前，管理者应将变革的必要性、迫切性与员工进行沟通，让员工理解和接受企业变革。管理者还应将变革的原因、具体的实施步骤和措施清楚地传达给员工，并且，就每个部门、每个岗位的员工所拥有的权利和应尽的责任让每个员工了解，以避免部门间的信息封锁和减少信息不对称产生的误会。除此之外，还要采用反馈渠道和申诉渠道使管理者了解员工对变革的认识和感受，提高变革成功的可能性，一旦发生错误，应及时承认错误、向员工道歉和及时采取纠正措施使潜流文化的影响程度最小化；关注员工对变革的恐惧感有助于他们放开包袱将变革推向成功，促进企业主流安全文化建设。

2. 扩大参与

经常有人提到消除小圈子的问题。但是客观分析起来，人以群分，物以类聚，只要有人的地方就有小圈子，就会扎堆儿对企业安全管理的目标、措施、政策等说三道四。小圈子是有影响力的，这种影响力不是靠公开限制和否定就可以轻易消除的。这些群体所持的观点、看法形成的潜流文化，是不以管理者意志而转移客观存在的，不管企业管理者喜欢还是不喜欢，都不可能轻易消除，这就需要管理者主动采用灵活的方式对其加以管理，客观深入地分析这些群体的思想特点，很好地引导舆论方向，使这些“有想法”的员工更多地参与到集体活动中，与主流文化融为一体。

在信息化日益占主导地位的社会，知识型员工已成为许多企业的重心，知识型员工在工作中自我引导、自我实现的能力很强，他们在生存需要的基础上，社交的需要、尊重的需要和自我发展的需要明显增加。企业和员工之间的关系早已不是简单的雇佣和被雇佣的关系，更多的是合作伙伴的关系。管理者不能一味地扮演指挥者的角色，而应根据知识型员工追求自主性、个性化、多样化和具有创新精神的特点，提供足够大的空间以满足他们的成就感。要建立宽松的工作环境，激励知识型员工主动献身与创新的精神，使他们能够在组织目标和自我考核的体系框架下，更加自主地完成任务，更多地参与到安全活动中，使大家在共同的讨论过程中学会分享信息，相互理解、关心和友爱以及接受不同观点，采取积极合作的态度来谋求一致。

## 三、落实承诺与深化激励

落实企业的安全承诺制度，是保证员工落实岗位安全职责的有效手段和方法。只有明确的岗位安全职责和要求，没有企业安全承诺的落实，无法激励员工的安全生产积极性，岗位安全职责就得不到很好地贯彻落实。

### 1. 落实承诺

安全承诺包括管理者和员工对于安全的承诺，其中最重要的是管理者的承诺。管理者的郑重承诺和不折不扣地履行是员工认真落实承诺的前置条件。如果管理者言而无信，就会成为员工对安全管理不满情绪的源头，引发大范围的议论纷纷。

安全承诺必须公开，特别是管理者首先要在全体职工大会上带头宣读自己的安全承诺书，并明确如果履行不到位应付出的代价。管理者只有在特定场景下公开宣布自己的承诺，表明安全诚信态度和责任感，才可以使每个职工认真对待自己的安全承诺，对落实全员安全生产责任制产生深刻的影响。

管理者的承诺首当其冲的是保障员工生命安全的承诺，这是安全承诺的底线。只有管理者在安全生产中身体力行，让自己的安全和员工的生命安全紧密联系在一起，员工才能同心同德地投身到安全生产之中。

管理者承诺包括心理契约的承诺。心理契约通常是管理者在发动某项安全工作中所描绘的期望的前景和目标实现以后的收益，会形成员工在履行相应安全责任时对企业鼓励的期待。心理契约虽然没有书面表述，但是信守心理契约对于员工对企业的认可和保持持久的安全生产热情非常重要。

无论是有形的安全承诺还是无形的心理契约，要保障落实必须加强制度和舆论的监督，才能使之得到彻底的贯彻和落实。要将安全承诺考核和业绩奖励密切结合起来，奖罚分明，促进制度的落实。不能违章落实惩罚，遵章不落实奖励，就会伤害员工安全生产积极性。

### 2. 深化激励

为了激发全员保障安全生产的动机，企业需要高度重视对员工日常安全行为的激励。这是涉及每一名员工心理期待的管理行为，管理者需要深入研究、正确实施科学的激励方法。

激励包括“内滋的激励”和“外予的激励”。当员工落实岗位安全职责以后，企业不能简单地认为这是理所当然的事情，要通过公开表彰表现出对员工劳动的尊重和能力的认可，激发起员工内心的荣誉感和主人翁的责任感，这属于内滋的激励。内滋的激励是通过人的内部力量来自我激励的行为，能够促使员工自觉发挥智力潜能，解决疑难问题，实现自己的抱负等工作热情。这些行为的积极性不是靠外部强制产生而是自发激励生成的。外予的激励是通过外部推动力来引发人的行为，最常见的是利用提高待遇、岗位调整、职务升迁等手段调动员工的积极性。“内滋的激励”比“外予的激励”具有更持久的推动力。后者虽然能激发人的行为，但在很多情况下并不是建立在自觉自愿基础上的；前者对人的行为的激发则完全建立在自觉自愿的基础上，它能使人对自己的行为进行自我指导、自我监督和自我控制。

提高员工安全动机的行为主要有两个途径：一是强化目标的吸引力。如争当“安全标兵”“十佳安全能手”“安全红旗手”等等。推行的目标一定要有强度，对员工要产生吸引力，使人产生积极、强烈的反应和情感。二是增强安全动机的外界压力。开展“安全家庭”“安全帮教”活动，让家属也参与到安全文化建设中，充分发挥他们的监督和提醒作用，这对员工安全动机的形成有明显的促进效应。

企业安全文化建设中的潜流现象是客观存在的现实，管理者对于潜流文化的作用不能掉以轻心。管理潜流文化必须坚持以人为本，积极创新，结合企业潜流文化的自身特点，不断开发出更多行之有效的应对措施，创造出员工个人与企业双赢的安全文化氛围，使得员工的安全劳动与企业和个人的发展愿景完美结合，这样安全生产无论对于企业还是对于个人，都具有了新的价值和新的意义。

# 第八章
# 企业安全文化星级建设测评

为了使企业安全文化星级建设不断深入，准确评估安全文化建设目标与当前状态之间的差距，中国安全生产协会发布了《企业安全文化星级建设测评规范》（T/CAWS 0008—2023）团体标准，见附录。该标准提出了通过测量与评价对企业安全文化进行准确定位，对企业安全文化建设进行正确战略规划的方法。本章首先对企业安全文化建设测评方法进行简单概述，然后重点解读安全文化星级建设测评原则、测评要素和测评方法。

# 第一节　企业安全文化建设测评概述

国际原子能组织的“INSAG–4”中指出：“安全文化无形的特性会自然地导出有形的表现，而这些表现就可以成为衡量安全文化作用的指标。”可见，对企业的安全文化建设进行测量评价是完全可以通过某些有形的表现来实现的。

## 一、安全文化建设测评的概念及分类

安全文化建设测评是指依据一定的原则，在一定的理论基础上，运用一定的方法和手段，建立合适的评价体系对企业的安全文化建设进行测量评价，以判断企业安全文化建设的情况，找出其优势和存在的不足之处。这样，就能全面了解企业安全文化建设的现状，以便能及时提出相应的反馈意见和建议措施。有效的测评分析可以为企业提供实施动态调整的决策依据，在完善调整的过程中企业的安全文化水平得到持续改进和提高。

企业安全文化的测量评价形式多样，可以根据不同的视角对其进行分类。

### 1. 从企业所属行业视角

根据企业所处的行业不同，可以划分为电力企业安全文化建设测评、建筑企业安全文化建设测评和石油企业安全文化建设测评等，不同行业的企业，由于受行业安全生产特点的影响，其安全文化建设的测量评价的侧重点会呈现比较明显的差异性。

### 2. 从安全文化建设过程视角

根据企业安全文化建设过程中的不同阶段，可以划分为安全文化建设的初期诊断评价、过程跟踪评价和建设后验收评价。企业在准备启动安全文化建设工作初期，需要对整个企业安全文化建设情况的现状进行诊断分析，以此作为拟定建设实施方案的基础；建设方案下发后，对于安全文化建设的各项要素在实施过程中的情况，安全监督部门要进行适时跟踪调查并进行评价，以保证安全文化建设是按照既定的目标开展的；企业经过一轮安全文化建设工作后，对于它是否为企业安全生产水平带来了积极的作用，需要对企业安全文化建设情况进行验收评价，这也为今后安全文化建设工作的开展提供了新的决策依据。

3. 从安全文化建设测评视角

根据企业安全文化建设测评的间隔时间长短不同，可以划分为企业安全文化建设的定期评价和不定期评价。定期评价是指企业自开始实施安全文化建设后每隔一段时间对其安全文化建设情况进行评估，间隔时间长短可以由企业自己确定，如半年一次、一年一次等，这种定期评价主要针对安全文化建设方案的贯彻执行情况进行评估，以保障企业安全文化建设朝着健康向上的方向发展。不定期评价是指不需要固定的间隔时间，可随时对企业安全文化建设情况进行抽检评价等，例如，在企业安全状况不稳定甚至发生了较大事故以后需要进行不定期的评价。

## 二、安全文化建设测评的常用方法

企业安全文化的测量与评价是企业安全文化建设的重要环节，没有良好的诊断和评价，便无从真正了解企业安全文化的现状，无法准确把握企业安全文化建设项目的脉络。目前，对于企业安全文化的测量与评价常常采用现场调查法、访谈法、文件回顾与分析、问卷调查和量表等方法，每种方法各自有特点。

1. 现场调查法

在企业安全文化建设的评价中，现场调查法主要通过实地走访调查的形式考查企业安全物质文化层中呈物质形态的安全生产设施、员工的作业环境及精神风貌、标语、警示牌等，以及企业相关安全政策和安全制度的落实执行情况。在没有资料可提供的情况下，评价人员或专家需要亲自对企业进行观察，把观察的结果详细记录下来。同时现场调查法也是今后进行综合评价时信息补充的重要材料。

现场调查要根据调查的内容、范围和目的合理安排、规划，所需时间可长、可短，但是一定要达到调查的目的。评价小组需要安排好现场调查的时间和行程安排，根据事先拟定好的企业安全文化现场调查表单进行一一评价，必要时可对现场工作人员进行采访，以获得更为本质的理解。但要注意消除被观察者的紧张心理，使观察结果反映真实情况。

2. 访谈法

访谈法主要是通过面对面的沟通形式，来了解一些事实后面的真相。访谈可以是由经验丰富的采访员主持的个人深度采访，也可以是将一部分对企业安全文化建设有影响的人聚集起来的座谈会。访谈形式可以结合调查对象划分层次来确定，如：在作业现场对员工或安全生产管理人员进行个别谈话，了解员工对安全文化的基本看法和需求、制度和规章的执行情况，以及安全管理中的问题；也可以安排座谈会的形式，企业中层以上领导干部围绕企业安全文化建设情况、企业发展等问题展开集体讨论。通过访谈可以了解企业安全文化理念在企业不同层次中的接受程度。总之，访谈法调查方式简便、灵活、深入，可以广泛了解企业安全生产方面的信息。

3. 文件回顾与分析

对企业安全文化建设进行评价时，要重点考查其安全制度文化建设的完备性，常常会通过文件回顾与分析的方法对其进行评价。其中主要包括企业安全管理的各项规章制度，国家、行业政策及资料，国内外相关企业发展资料等。企业现有的安全管理文件和近几年安全生产情况等都是企业安全文化建设评价的重要素材。一般情况下，企业安全文化测量与评价所需要调阅的文件资料需要事先拟定好调查清单，才能方便工作的顺利开展。通过文件回顾与分析，可以看出企业的安全生产宗旨、方针、体制等，以及开展安全文化建设以来，企业安全绩效的变化情况等，可以找出企业安全制度文化建设的不足，以及需要改进的方面。

4. 问卷调查

基于安全文化建设评价的纬度，针对企业不同管理层次设计不同的问卷模板。调查问卷能够较为系统和细致地呈现目前企业安全文化现状的信息，是量化分析的重要渠道。问卷编排需得当，卷面格式要整齐，并且所有问卷都要有清楚准确的提示与说明。特别要注意问卷调查过程中，调查程序的规范性，严格问卷调查程序执行。通过问卷调查，可以对企业安全文化状况有清晰、客观的认识。当然，这还有待于问卷的后期分析。问卷调查也可以采用现成的成熟、稳定的量表来评价安全文化的某些因素及影响。

除了上述方法外，还有综合评价法，主要采用现有的方法和手段综合衡量企业安全文化建设中的各种要素的情况；案例研究，通过对企业以往安全生产的案例，无论是曾经发生的事故，还是一些安全生产的积极报道等进行深入的分析研究，挖掘出能反映企业安全文化建设内涵的深层次的情况。总之，企业在进行安全文化测评时，常采用多种方法相结合的方式，以达到综合评价的目的。

# 第二节　企业安全文化星级建设测评基本原则

企业安全文化星级建设评价体系的建立与实施，主要是以物化的安全设施、安全装备为基础，以非物化的安全规章制度为依据，以精神层面的安全理念价值为保障，采用定性和定量的分析方法展开的一系列评价工作。安全文化星级建设测评工作需要遵循基本原则，保障企业安全文化建设测评工作的顺利有效。

## 一、理念引领原则

理念引领原则是指企业安全文化星级建设的测评有别于其他安全生产管理的测评，必须突出安全文化的特点，测评工作要体现理念引领的作用，深入挖掘企业安全文化理念是如何产生、如何在生产实际中运用并发挥纵深防御作用的。

理念是安全文化星级建设的纲，纲举才能目张。理念建设测评必须体现理念引领作用。只有测量出企业安全文化理念的产生与运行的真实状况，才能评定出安全文化建设的实际水平。

安全文化理念的凝聚要从企业发展历史和现实出发，只有通过企业上上下下反复归纳总结，才能提炼出具有本企业特色的安全文化，做到源于历史，指向将来，广泛认同，引领实践。

考查企业安全文化理念引领是否到位主要看理念体系的产生是否合理，体系构成是否完整，员工是否认可企业的安全价值观、使命和愿景。在考查中特别要关注企业的主要负责人是否做到了以安全理念建设为纲，推动安全文化建设各项工作。只有领导层深刻认识到安全理念在安全文化建设中的核心地位，才能够使安全文化在安全生产中充分发挥引领作用。

## 二、联系实际原则

联系实际原则是指企业安全文化星级建设测评体系需要联系企业安全生产实际，使其必须与企业的各项生产经营活动融合起来，不要脱离企业的生产实际、脱离企业安全管理的全过程、脱离员工的实际思维方式与行为习惯等。

在安全文化建设评价中，一定要关注企业安全文化建设有没有做到紧密联系企业安全生产实际，有没有落地生根。如果安全文化建设没有在安全生产实际工作中落地，没有在员工的心里生根，就是虚实脱节。

安全文化建设与安全生产不能各行其道，成为“两张皮”，要发挥文化推进安全的实质作用，要将文化的力量渗透到每一项安全活动之中，导引员工的安全行为，避免安全文化成为空中楼阁。必须保证安全文化建设不能脱离企业的生产实际，不能脱离企业安全管理的全过程和企业员工的实际思维方式，否则就会加重企业安全管理的额外负担，使员工对安全文化建设产生误解，甚至产生不满情绪。

## 三、系统评价原则

系统评价原则是指企业安全文化星级建设测评体系是一个由相互联系、相互依赖、相互作用的各要素和不同层次构成的有机整体。测评指标的内容要覆盖企业安全生产的各个方面，对企业安全文化建设工作的方方面面进行综合测评和分析。

安全文化是一个由纵横两个维度多种元素组成的有机系统。纵向维度由安全理念、安全知识和安全行为方式三个层次构成，横向维度的每个层次又分别由多个元素组成。

安全文化评价要针对企业安全文化的内部结构、建设要素及相互关联的各方面元素进行系统性、综合性评价和分析，不但要全面覆盖系统中各层次、各元素，而且要评价各层次之间、各元素之间的联系模式、作用机理和逻辑关系。如果简单地认为安全文化评价只是针对作业行为是否规范，外部形象是否多彩，标语口号是否响亮，那就会盲人摸象，以偏概全，挂一漏万。

## 四、注重实效原则

注重实效原则是指企业安全文化星级建设测评体系要层次分明，简明扼要。

测评体系的方案要具有可操作性，对每一项工作要进行详细分解，各个环节要内涵清晰，相对独立，并能在实际安全生产过程中得以有效开展，最终能获得相应的测评结果，达到测评的目的。

安全文化建设评价和安全文化建设一样，都要注重实效，不能搞形式主义。安全文化建设评价要考查企业是否根据不同发展阶段、不同生产环境、不同工作人群的不同情况，有针对性地制定适宜的安全文化建设和测评方法，要考查企业有没有从实际情况出发，明确方向、精准定位，找到适当的安全文化建设模式。

在考查中要做深入的调查研究，做好从领导到员工的访谈、问卷调查和统计分析资料档案等，访谈抽样比例不能低于企业决策层、管理层、员工层人数的10%。所有测评指标得分计算过程的原始记录材料都应完整。所作出的测评报告要符合企业实际。一刀切、运动式、形式化，依靠造声势进行安全文化建设与测量评价，效果必然南辕北辙。

## 五、自我完善原则

自我完善原则是指企业安全文化建设与测评强调企业有意识地主动建设。企业通过自我测量、自我评价、自我建设、自我完善，达到以评促建、评建结合，及时发现问题、改进工作，推动安全文化建设水平持续提升，不断激发企业做好安全管理工作的内生动力。

安全文化建设和评价必须充分发挥企业安全文化内生动力的重要作用。星级建设的各个层次评价都应主要依靠企业内在力量，进行自我评价，自我完善。外部考查和评价可以作为企业自评自建的补充。

企业应建设安全文化内审员队伍，内审员应经过专业培训，掌握安全文化测评的理论和方法。企业自评要从自身实际出发，从日常工作中的安全文化表现评价做起，要做深层次的文化挖掘，提炼总结属于企业自身的安全文化本质特点，找到存在的问题，提出切合实际的解决办法。不能简单地将先进示范企业的成功经验采取拿来主义，简单拷贝，照搬照套，追求表面文章，只想立竿见影，那样只会治标不治本，与先进典型只能形似，做不到神似。

## 六、自觉自信原则

自觉自信原则是指企业安全文化建设需要企业对“安全第一，以人为本”的核心价值观有充分的自我觉悟，对安全文化的现状有正确的自觉反省，对安全文化的发展能够自觉创建；对安全文化的作用有充分的信任，对安全文化的生命力持坚定的信念，对安全文化的发展前景充满坚定的信心。

为了推进企业安全文化星级建设不断向高层次发展，企业应提高对安全文化测评工作重要性的认识，对安全文化的现状有正确的自觉反省，主动对建设工作进行客观评价。只有真正提高了安全文化测评的自觉性，才能真正认识到安全文化建设的重要性，才能真正发现安全文化建设过程中存在的问题，实事求是地解决问题，而不是讳疾忌医，文过饰非。

对于安全文化建设测评工作的效果，企业应树立足够的自信心，不能将信将疑，底气不足。只要企业从领导到员工能够正确理解并认同自身安全文化的内涵与价值，并对安全文化的生命力和发展前景充满信心，就可以通过测评在发现问题的基础上，找到有针对性的解决措施，调动全员的自信心，焕发出共创安全的积极性，有效提升企业的凝聚力和安全生产的驱动力。

对企业安全文化建设测评工作的自觉和自信，是追求自身生存和发展过程中一种内在的精神力量，是对建设安全文化责任的主动承担，是推动安全文化健康发展的思想基础和先决条件。

# 第三节　企业安全文化星级建设测评方法

企业安全文化星级建设测评与国内外多年来的安全文化建设理念一脉相承，根据安全文化建设发展规律，设置五星级进化阶梯，强调企业安全文化建设需要自我完善、自我发展的同时，也与国家级、省市、行业示范企业评审层级对应，为企业安全文化建设提供了更高的持续改进发展平台。因此，在参考国家级安全文化示范企业评审标准要求的基础上，《企业安全文化星级建设测评规范》（T/CAWS 0008—2023）中涉及测评方法的内容主要围绕测评基本条件、测评工作说明、测评计算方法及对应星级企业安全文化特征介绍展开。

## 一、基本条件

开展安全文化星级建设测评的企业须满足以下基本条件：

（1）企业成立并运营三年以上。

（2）企业应建立清晰、明确的安全管理组织架构和安全责任体系。

（3）申请三星以上认定的企业，需要安全文化建设自评已达到三星以上水平，且近3年内未发生死亡或1次3人（含）以上重伤，或造成严重不良社会影响的生产安全责任事故。

符合上述基本条件后方可进行星级测评的后续工作。

（1）企业定期组织和申报本企业开展安全文化星级建设测评工作。

（2）企业自评由企业组织测评人员，协会测评由协会组织测评人员。所有测评人员应掌握安全文化建设的基本理论和方法。

（3）测评过程中，根据企业决策层、管理层、员工层的人数情况随机抽样参与测评访谈、问卷调查环节。

（4）各星级水平首先由企业进行自我测评，测评达到四星级与五星级的企业由中国安全生产协会审核认定。

## 二、测评工作说明

企业安全文化星级建设自评由企业测评人员通过审阅评审标准、证明材料和现场评审等方式进行，四星及以上审核认定工作由中国安全生产协会组织专家通过审阅评审标准证明材料和抽查进行测评。

## 三、指标得分计算方法

### 1. 一级指标计算方法

首先对被评对象的二级指标进行0～100分打分，然后分别乘以各指标权重，加权求和即可得到被评企业安全文化建设九项一级指标得分，计算公式如下：

$$S_{\mathrm{i}}=\sum_{j=1}^{n} c_{\mathrm{ij}} w_{\mathrm{ij}} \tag{8-1}$$

式中 $S_{\mathrm{i}}$——第$i$个一级指标得分；

$c_{\mathrm{ij}}$——第$i$个一级指标下的第$j$个二级指标得分；

$w_{\mathrm{ij}}$——第$i$个一级指标下的第$j$个二级指标权重；

$n$——第$i$个一级指标下的二级指标个数。

### 2. 综合得分计算方法

将各项一级指标的加权得分与鼓励加分求和即企业安全文化建设综合得分，综合得分对照企业安全文化星级建设分级标准，确定最终企业测评星级，计算公式如下：

$$TS=\sum_{i=1}^{9} S_{\mathrm{i}} W_{\mathrm{i}}+E_{\mathrm{p}} \tag{8-2}$$

式中 $TS$——综合得分；

$S_{\mathrm{i}}$——一级指标得分；

$W_{\mathrm{i}}$——一级指标权重；

$E_{\mathrm{p}}$——鼓励加分。

其中，鼓励加分项每有一项加0.5分，包括：

（1）企业近三年内获得安全生产方面的省部级以上表彰奖励。

（2）企业通过职业健康安全管理体系或行业领域安全生产标准化二级以上等相关认证。

（3）企业实行安全生产责任保险。

（4）具有鲜明的特色和企（行）业特点的创新活动。

## 四、综合测评分级特征表现说明

为了便于企业在安全文化建设中自我评价，自我完善，作者对五星级各个阶段都列出了比较典型的特征表现。需要说明的是，这些特征是从多家企业中提取的比较共性的特征，不一定是不同企业的全部表现，具体到各个企业必然会有所不同。

### 1. 一星级企业

测评得分为60 ~ 69分，主要特征表现：

（1）被动接受安全第一，以人为本的核心价值观。

（2）强调树立规则意识，重视用制度约束岗位行为。

（3）员工对于安全的意义没有普遍的深刻认识。

（4）在压力的约束下掌握必备的安全知识和技能。

（5）安全培训能够按要求开展，效果评估不够深入。

（6）管理层安全动力更多来自由外而内的压力。

（7）员工层安全动力主要来自避免违规处罚。

（8）认为安全管理只是安监部门的责任。

（9）对危险预控等安全文件的严肃性缺乏足够重视。

（10）对现场的风险隐患缺乏持续主动关注。

（11）习惯性违章和未遂事故仍有发生。

### 2. 二星级企业

测评得分为70 ~ 79分，主要特征表现：

（1）主动接受安全第一，以人为本的核心价值观。

（2）强调树立责任意识，严格履行岗位安全承诺。

（3）管理层注重调动员工安全工作主观能动性。

（4）形成学法、知法、守法的法治观念。

（5）严格要求全员掌握必要的安全科学知识。

（6）开展规范训练促进员工安全能力素养提升。

（7）改进工作机制和技术措施促进安全。

（8）设置了符合标准规定的安全环境系统。

（9）建立了比较完善的全员安全承诺运行机制。
（10）部分员工对于责任双重意义的理解不够深刻。
（11）员工主动参与企业创建安全活动不够普遍。

### 3. 三星级企业

测评得分为80～89分，主要特征表现：
（1）坚定树立安全第一，以人为本的核心价值观。
（2）强调树立参与意识，发动全员参与企业安全活动。
（3）管理层能够理解并落实党政同责，一岗双责。
（4）对于安全知识和技能，既要知其然，又要知其所以然。
（5）倡导对安全问题的质疑、报告和反馈风气。
（6）主动探索安全工作改进措施，积极提出改进建议。
（7）企业全员能够在保障安全活动中群策群力。
（8）积极推进员工合理化建议的激励和改进工作。
（9）员工亲属参与促进职工安全行为的活动。
（10）员工参与安全技术攻关活动的协同性需要加强。
（11）个体安全文化尚未完全凝聚成集体安全文化。

### 4. 四星级企业

测评得分为90～95分，主要特征表现：
（1）积极落实安全第一，以人为本的核心价值观。
（2）强调树立团队意识，做到企业安全一盘棋。
（3）管理层与员工层的情感沟通交流渠道通畅。
（4）形成了安全风险共担，安全经验共享的工作习惯。
（5）员工明了关联岗位的安全知识、技能的内容和影响。
（6）各部门在风险管控和应急管理中能够积极配合。
（7）为保障安全能够与企业相关方主动协同合作。
（8）对联合开展的安全项目给予充分的资源保障。
（9）建立了跨层级的安全问题研究、讨论、分析的工作机制。
（10）对有益于安全活动行为的过程性表彰已形成制度。
（11）对于防范新生安全风险的思想和能力准备需要加强。

### 5. 五星级企业

测评得分为95分以上，主要特征表现：

（1）全面贯彻安全第一，以人为本的核心价值观。

（2）强调树立进取意识，不断学习，自强不息。

（3）形成相互尊重、高度信任、团结协作的工作氛围。

（4）对于安全文化建设不进则退保持足够的警觉。

（5）积极进取，不断更新安全管理技术和方法。

（6）企业投入大量人力物力资源建设学习型企业。

（7）安全行为成为企业员工的一种自然稳定的习惯。

（8）企业信息公开，确保公众的知情权、参与权和监督权。

（9）决策层和管理层以开放的心态倾听各种不同意见。

（10）注重发挥安全文化建设示范企业的先进示范作用。

（11）安全生产状况持续稳定，人际关系、人机关系和谐。

# 第四节　企业安全文化星级建设要素测评

企业开展安全文化星级建设测评工作的核心是要素测评。《企业安全文化星级建设测评规范》（T/CAWS 0008—2023）根据安全文化三元内涵（即安全理念、安全知识和安全行为）的基本构成，综合考虑决策层、管理层和员工层不同层级在安全文化建设中应承担的责任和行为表现构建了测评框架。测评框架由安全价值观、安全态度、安全诚信、安全教育、安全环境、安全制度、全员参与、安全沟通和持续改进等9项一级指标组成（图8–1）。

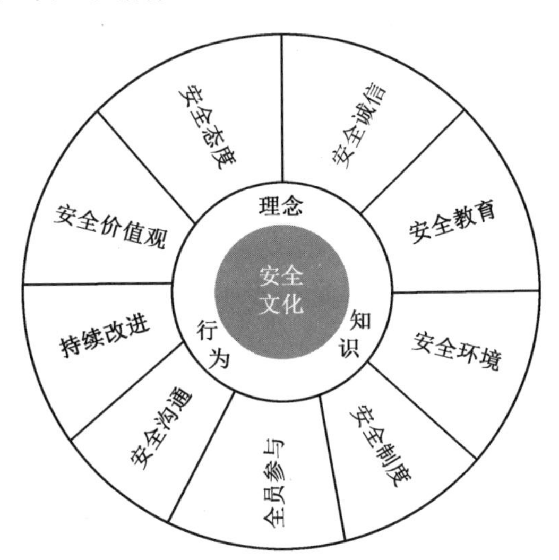


图8–1　企业安全文化星级建设测评框架示意图

为了使企业安全文化星级建设测评工作更具有可操作性，《企业安全文化星级建设测评规范》（T/CAWS 0008—2003）将企业安全文化建设要素测评工作分列为指标分解、权重赋值和测评方式与测评内容3个部分。

第一部分是对测评要素的一级指标进行了二级指标分解。在9个一级指标下分别分解出了3~5个二级指标，即一级指标的考查点，这些二级指标是企业为了完成该项要素应该开展的工作。

第二部分是在附录C的表C.1各级指标权重数值中，对一级指标和二级指标分别设置了权重。

第三部分是在附录A的表A.1测评方式和测评内容中，提出了相应要素的测评方式和测评内容。测评方式包括查阅相关资料、领导访谈、管理人员访谈、员工访谈、问卷调查和现场考查等，测评内容以问题的方式提出了相应元素的考查关注点。

在《企业安全文化星级建设测评规范》（T/CAWS 0008—2023）中以上3个部分内容按照体例编写的要求分列为3个文件，为了便于理解，下文将3个文件综合到一起对其中的重点内容进行简要解读。

## 一、安全价值观测评

安全价值观测评考查的是被企业员工所理解并广泛认同的关于安全生产价值观的先进性，详见表8–1。

表8–1 安全价值观测评

| 一级指标 | 权重 | 二级指标 | 权重 | 测评方式 | 测评内容 |
| --- | --- | --- | --- | --- | --- |
| 安全价值观 | 0.15 | 企业具有明确的安全核心价值观，体现追求卓越安全绩效的程度 | 0.3 | 查阅反映企业安全文化理念体系的相关资料、领导访谈、管理人员访谈、员工访谈、问卷调查 | 企业的安全理念体系是否完整<br>安全理念体系中是否反映了明确的安全核心价值观<br>企业安全价值观能否体现对卓越安全绩效的追求<br>安全价值观是否反映了企（行）业特色<br>企业内外部是否知晓该企业的安全价值观<br>企业员工是否认可企业的安全价值观<br>能表述和理解安全价值观的员工占多大比例 |
| | | 安全价值观体现企业特色的程度 | 0.2 | | |
| | | 安全价值观在企业内外部持续传播的程度 | 0.2 | | |
| | | 安全价值观获得企业员工广泛认可的程度 | 0.3 | | |

安全价值观是安全文化体系中的核心要素，在9个要素中权重最高，为0.15。安全价值观设立了4个二级指标作为考查点，主要考查安全价值观是否明确，有没有体现特色，是否广而告之，员工是否认可等。其中价值观是否明确、员工是否认可两项权重最高，合并达到0.6，超过了总权重的半数，可见其重要性。

考查价值观是否明确，意义在于是否符合安全发展的规律和企业员工对安全的追求，我国《安全生产法》明确提出的“安全第一，以人为本”从根本上体现了安全价值观，非常明确，但是作为具体企业不应该只停留在口号上，还应该有适合本企业的阐释，如果没有相应的延展是不全面的。

考查安全价值观是否得到了员工认可，即本质上是否达到安全价值观中的“被企业的员工群体所共享”。有的企业提出的安全价值观只是印在纸上，挂在墙上，没有深入员工心中。在访谈中有的企业领导都不知晓安全价值观，员工更是一脸茫然，根本谈不上认可和共享。

## 二、安全态度测评

安全态度测评考查的是企业员工在安全生产过程中对待安全的工作态度，详见表8-2。

表8-2　安全态度测评

<table>
<tr><th>一级指标</th><th>权重</th><th>二级指标</th><th>权重</th><th>测评方式</th><th>测评内容</th></tr>
<tr><td rowspan="3">安全态度</td><td rowspan="3">0.13</td><td>决策层在制订政策、建立体制和资源分配等工作中体现安全优先的程度</td><td>0.4</td><td rowspan="3">领导访谈、管理人员访谈、员工访谈、问卷调查</td><td rowspan="3">决策层对安全生产工作和安全文化建设工作是否有积极的认识<br>企业各层级人员对于各自所处的工作岗位中安全优先的态度如何<br>员工如果发现有可能降低安全性的行为或各种有疑问的安全问题时会怎么办</td></tr>
<tr><td>管理层在部门工作计划、组织、指挥、协调、控制等工作中体现对安全的重视程度</td><td>0.3</td></tr>
<tr><td>员工层在岗位上落实操作规程和探索不确定性的严谨程度</td><td>0.3</td></tr>
</table>

安全态度在9个要素中权重位列第二位，为0.13。安全态度设立了3个二级指标作为考查点，主要考查决策层在制订政策等一系列工作中体现安全优先的程度，管理层在部门工作计划制订等工作中对安全的重视程度，以及员工层落实操作规程和探索不确定性的严谨程度等。

决策层对安全的态度积极或消极，对企业安全文化建设发展的走势起着决定性的引领作用。决策层的积极态度是企业全体成员安全工作的策动源头与根本保障。

在考查中要通过领导当面访谈了解其是否在安全决策中贯彻了安全第一的理念，通过管理人员访谈、员工访谈和问卷调查侧面了解决策层在安全规划、构建体系、建立机制等重大工作中是否做到了“三同时”，在日常工作特别是在生产进度或效益与安全发生冲突时是否做到了优先保证员工安全。

## 三、安全诚信测评

安全诚信测评考查的是企业安全生产领域信守承诺的情况，详见表8–3。

表8–3　安全诚信测评

| 一级指标 | 权重 | 二级指标 | 权重 | 测评方式 | 测评内容 |
|---|---|---|---|---|---|
| 安全诚信 | 0.12 | 企业积极履行社会责任，主动公开、公示风险、隐患、事故和职业危害等安全信息的程度 | 0.2 | 查阅安全信息公示、安全承诺书等相关资料、领导访谈、管理人员访谈、员工访谈、问卷调查 | 企业是否逐级签订“安全生产责任书”和“安全承诺书”<br>“安全生产责任书”和“安全承诺书”的内容是否针对不同岗位的特点、是否全面、是否有可操作性<br>是否以社会责任报告等形式公开发布告知社会及相关方有关风险、隐患、职业危害等安全信息及防控保障措施<br>是否针对安全责任落实和安全承诺落实有考核办法<br>有没有阶段性检查、评价、改进等过程 |
| | | 企业面向客户等相关方开展安全宣传，推动相关方企业履行安全责任的程度 | 0.2 | | |
| | | 企业全员公开作出履职尽责安全承诺的情况 | 0.3 | | |
| | | 企业全员落实安全承诺的情况 | 0.3 | | |

安全诚信二级指标设立了4个考查点，主要包括企业履行社会责任的程度、面向相关方开展安全宣传的程度、全员公开安全承诺的情况和落实岗位安全责任的情况。其中全员公开安全承诺的情况和落实岗位安全责任更重要，权重最高。

安全生产来不得半点虚假，需要诚实严谨的态度，需要言而有信的承诺。企业作为社会公民必须承担保障左邻右舍和社会正常运行的安全责任；作为企业管理层必须承担为生产人员提供安全物化和非物化环境的责任；企业员工作为直接接触生产岗位危险能量的人员要承担对自己和同事人身安全、对企业安全生产的责任。只有各方面都认真负责讲诚信，才能避免各种生产安全事故发生。

在考查中，要认真核实企业是否为了使安全诚信可持续、更完善，能够在严谨自律的基础上，以公开发布社会责任报告和将安全承诺公之于众的方式，全面征求有关风险防控、隐患排查等各方面的意见。要核查有没有针对安全责任落实和安全承诺落实的考核办法，特别是有没有阶段性检查、评价、改进等证明材料。

## 四、安全教育测评

安全教育测评考查的是企业员工掌握安全知识和安全技能水平的情况，详见表8–4。

安全教育要素设立了6个二级指标作为考查点，在所有要素中数量最多，主要包括企业员工掌握综合安全知识、劳动防护知识的程度，处理风险、隐患及应急救援能力，推动自主学习及企业营造学习氛围的程度。其中员工处理风险、隐患及应急救援能力水平是考查的重点。

安全教育培训的目标是充实员工安全知识水平。安全有形知识和无形技能是规范安全行为的基础。只有员工充分掌握各项安全生产法规和政策，学会安全风险防控技术，提高安全操作水平和紧急情况下的应对措施，才能为有效预防和遏止各类事故，以及避免和减少伤亡奠定基础。

安全教育培训考查的重点是员工通过企业教育培训提高处理风险、隐患及应急救援能力的程度。考查员工提高的程度，一般不直接采用对员工安全生产知识和技能进行全面核查的方法，通常采用间接佐证法。一是通过核查安全持续记录和员工违章的类型和重复率，考查风险防控的能力；二是抽查调阅培训考核试卷原件和试卷分析，考查基础知识掌握的情况；三是查看有没有针对员工工作中存在问题的改进建议及处理结果，考查对工作中存在异常的质疑能力。

表 8-4　安全教育测评

| 一级指标 | 权重 | 二级指标 | 权重 | 测评方式 | 测评内容 |
| --- | --- | --- | --- | --- | --- |
| 安全教育 | 0.12 | 企业员工掌握安全法律法规、安全规章制度和岗位安全操作规程的程度 | 0.15 | 查阅安全培训教育档案等相关资料、员工访谈、问卷调查、现场随机抽查展示 | 安全培训内容的针对性如何？是否针对不同岗位、不同员工<br>是否制定了安全生产滚动培训计划<br>安全培训考试题库是否做到及时更新<br>安全培训教育覆盖的比例如何<br>安全培训内容和形式是否满足企业安全生产管理的需要<br>员工掌握情况如何 |
| | | 企业员工掌握岗位职业健康危害及劳动防护知识的程度 | 0.15 | | |
| | | 企业员工掌握识别处理安全风险、隐患能力的程度 | 0.2 | | |
| | | 企业员工掌握各类事故应急救援能力的程度 | 0.2 | | |
| | | 企业员工自主学习的程度 | 0.15 | | |
| | | 企业树立典型、营造学习氛围的程度 | 0.15 | | |

## 五、安全环境测评

安全环境测评考查的是企业安全生产作业环境和员工生活场所环境建设的情况，详见表8-5。

安全环境测评要素设立了3个二级指标作为考查点，主要包括作业环境、作业岗位符合相关标准的情况，工作场所安全环境优化的情况，公共区域设置安全标志标识等的情况。其中工作场所推行相关安全环境优化措施的情况是考查重点。

安全文化建设需要内外兼修，既要加强安全文化理念等内在思想品德建设，也要优化外在环境形象建设。作业场所设置必要的安全警示标志和操作标识，实行操作目视化管理，生产设备设施定置定位，设立宣贯安全理念、安全规范的安全文化阵地等，对于促进人机、人环相谐，提升道德修养具有重要作用。

表 8–5　安全环境测评

| 一级指标 | 权重 | 二级指标 | 权重 | 测评方式 | 测评内容 |
|---|---|---|---|---|---|
| 安全环境 | 0.1 | 作业环境、作业岗位符合国家、行业、地方的安全技术标准和职业健康标准的情况 | 0.3 | 现场考查、查阅反映企业安全环境优化的材料、员工访谈、问卷调查 | 危险源（点）和作业场所等是否设置了符合国家、行业、地方标准的安全标志标识<br>是否推行了 LOTO、管道颜色标签、人分离等目视化管理作业现场环境管理措施<br>生产设备、设施、工具等的定置定位是否整齐有序<br>生产设备、设施推行本质安全、人机工效的应用程度如何<br>作业场所是否做到了场地环境符合职业健康相关规定<br>是否设置了安全教育警示等宣教用语、标识<br>是否设立了安全文化廊、黑板报、宣传栏等安全文化阵地 |
| | | 工作场所推行相关安全环境优化措施的情况 | 0.4 | | |
| | | 生产与生活场所等公共区域设置安全宣教用语、标志标识的情况 | 0.3 | | |

安全环境测评考查的重点是工作场所如何推行相关安全环境优化措施，是否做到了井井有条、面面俱到。物化环境的安全保障主要考查工作场所是否针对可能导致人身伤害的危险能量源采取了隔离、锁定和警示、导引等措施，制订了相应规章制度并实施到位。设备设施的本质安全化是否已经达到标准要求，安全隐患去存量、控增量实效如何。非物化环境的文化宣传展示教育是否根据安全功效的综合因素进行设置，内容和展示方式是否科学合理。

## 六、安全制度测评

安全制度测评考查的是企业建立、健全和落实各项安全生产规章制度、规程、标准的情况，详见表8–6。

表 8–6　安全制度测评

| 一级指标 | 权重 | 二级指标 | 权重 | 测评方式 | 测评内容 |
| --- | --- | --- | --- | --- | --- |
| 安全制度 | 0.08 | 企业建立、健全安全生产规章制度体系的情况 | 0.2 | 查阅安全制度文件、制度落实记录等相关资料、员工访谈、问卷调查、现场行为观察 | 是否有科学完善的安全生产规章制度（规程、标准）<br>安全规章制度是否覆盖到生产经营的全过程和全体员工<br>风险分级管控、隐患排查治理和应急管理等相关记录文件内容是否规范全面<br>有没有对安全规章落实到安全生产行为的效能评价和改进制度<br>日常安全制度落实记录文档是否规范全面 |
| | | 企业及时修订完善安全生产规章制度体系的情况 | 0.2 | | |
| | | 企业落实风险分级管控、隐患排查治理机制和应急管理制度的情况 | 0.3 | | |
| | | 企业全员落实各项安全规章制度、规范安全生产行为的情况 | 0.3 | | |

安全制度测评要素设立了4个二级指标作为考查点，包括企业建立、健全制度体系的情况，及时修订完善制度体系的情况，落实风险分级管控、隐患排查治理机制和应急管理制度的情况，以及落实各项制度、规范安全生产行为的情况。其中落实“双机制”应急管理制度和规范安全生产行为的情况是考查重点。

安全制度测评要素考查的重点是规章制度是否真正产生了效能。在考查中通过查阅安全制度文件，了解企业安全管理、安全文化方面的制度是否全面、规范，同时查阅制度落实记录的档案资料、员工访谈、问卷调查、现场行为，观察了解各项制度落实记录文件、员工遵章守纪的实际情况。

## 七、全员参与测评

全员参与测评考查的是企业所有员工参与企业安全文化建设工作的情况，详见表8–7。

全员参与测评设置了4个二级指标作为考查点，包括管理者如何营造全员参与的工作氛围，企业建立全员参与制定和落实安全管理机制的情况，企业积极收集员工安全建议的情况，对员工识别出的事故隐患处理和反馈情况。其中企业建立全员参与制度和员工识别出的安全隐患、缺陷等问题的处置情况是考查重点。

安全文化建设需要充分调动企业全体员工的积极性，需要覆盖到不同层级、不同部门和不同作业岗位，明确每个人的安全权利和义务，让全体员工能够有机会参与到企业安全文化建设的关键工作环节和各类安全文化活动中，并能从中受益。

**表 8-7　全员参与测评**

| 一级指标 | 权重 | 二级指标 | 权重 | 测评方式 | 测评内容 |
|---|---|---|---|---|---|
| 全员参与 | 0.12 | 企业各级管理者积极创造全员安全事务参与的环境、渠道，营造全员参与安全管理的工作氛围 | 0.2 | 查阅员工参与事务的记录文档、员工访谈、问卷调查 | 企业是否建立了覆盖各层级、各部门及全体员工参与制定和落实的安全规划、安全目标、安全投入等安全管理机制<br>企业是否有措施保证各岗位全员参与到安全生产活动当中<br>企业职代会、工会等是否积极收集安全工作及安全管理意见、建议<br>针对员工识别的安全异常、安全缺陷、事故隐患等，是否给予及时的处理和反馈 |
| | | 企业建立覆盖各层级、各部门及全体员工参与制定和落实的安全规划、安全目标、安全投入等安全管理机制的情况 | 0.3 | | |
| | | 企业职代会、工会等积极收集安全工作及安全管理意见、建议，并建立日常员工安全建议收集和处理机制，反馈、鼓励及采纳建议的情况 | 0.2 | | |
| | | 建立安全观察和安全报告制度，对员工识别的安全异常、安全缺陷、事故隐患给予及时的处理和反馈 | 0.3 | | |

全员参与测评考查重点主要是企业发动员工踊跃提出合理化建议及企业对于员工合理化建议的处理落实情况等。在考查中通过查阅员工参与事务的制度文件

和记录文件了解企业是否建立了覆盖各层级、各部门及全体员工参与制定和落实的安全规划、安全目标、安全投入等安全管理机制和相应的措施办法，进一步关注管理机制、制度、措施、办法实际开展落实的情况。通过员工访谈、问卷调查侧面了解员工实际参与的渠道，关注安全工作的积极性，以及员工识别的安全异常、安全缺陷及事故隐患的处理反馈情况。

## 八、安全沟通测评

安全沟通测评考查的是企业员工沟通交流各类安全信息的情况，详见表8–8。

表8–8　安全沟通测评

| 一级指标 | 权重 | 二级指标 | 权重 | 测评方式 | 测评内容 |
|---|---|---|---|---|---|
| 安全沟通 | 0.1 | 决策层经常宣贯并强化有关安全重要性的情况 | 0.3 | 查阅信息沟通记录、沟通载体等相关资料、现场考查、员工访谈、问卷调查 | 企业决策层是否经常宣贯并强化有关安全的重要性，表达对安全行为的期望 |
| | | 管理层及时传达企业安全管理决策的情况 | 0.2 | | 管理层在日常安全管理过程中传达、分享安全信息的情况 |
| | | 企业员工将安全信息充分交流并融入工作过程中的情况 | 0.2 | | 当发现有人忽视安全时，管理者和员工是否会及时指出并纠正 |
| | | 安全信息在企业内上下级顺畅传递的情况 | 0.15 | | 员工获取安全信息有哪些载体形式或途径<br>企业内部安全信息能否在上下级、员工与员工之间顺畅传递交流 |
| | | 企业对外安全信息坦诚公开的情况 | 0.15 | | 企业是否做到对社会坦诚公开企业安全生产信息 |

安全沟通测评设置了5个二级指标作为考查点，包括决策层宣贯并强化安全重要性的情况，管理层传达安全管理决策的情况，员工充分交流安全信息并融入工作的情况，安全信息在企业内上下级顺畅传递的情况，企业对外安全信息坦诚公开的情况。其中决策层宣贯并强化有关安全重要性的情况。

企业安全文化建设需要良好的安全沟通交流氛围。实际上，安全沟通反映了安全信息在企业内外部的流动情况，涉及范围很广：对内，不同层级的员工能够将安全信息融入工作活动中，通过正式或非正式的方式交流传达安全的重要性、分享经验和文件记录；对外，企业能够做到公开发布，有效的沟通交流能够使企业员工保持对安全的关注。

安全沟通测评要素考查沟通渠道是否畅通，特别是沟通中的反馈是否充分。重点要通过查阅企业安全信息沟通记录、沟通载体等相关资料，考查企业决策层是否经常宣贯并强化有关安全的相关内容，管理层在日常安全管理过程中传达、分享安全信息的相关内容。通过现场考查可以观察询问企业对外公布和为员工提供安全信息的载体形式或途径，现场如果发现有人忽视安全，也可观察到企业管理者和其他员工的反应和处理方式。通过员工访谈、问卷调查侧面了解企业内部安全信息在传递交流方面的效果。

## 九、持续改进测评

持续改进测评考查的是企业定期评审安全文化建设效果，持续提升安全文化建设水平的情况，详见表8–9。

表8–9　持续改进测评

| 一级指标 | 权重 | 二级指标 | 权重 | 测评方式 | 测评内容 |
| --- | --- | --- | --- | --- | --- |
| 持续改进 | 0.08 | 企业制定安全文化建设规划、计划和实施运行的情况 | 0.4 | 查阅安全文化建设规划、合理化建议、绩效评估等相关材料、员工访谈、问卷调查 | 是否及时广泛搜集了企业安全文化建设的合理化建议<br>是否定期开展了对企业安全文化建设工作的绩效评估<br>是否有安全文化实施规划的相关阶段性记录和总结评价分析报告<br>是否对安全文化建设规划进行滚动修订改进 |
| | | 企业建立全员安全文化建设反馈机制，搜集合理化建议的情况 | 0.3 | | |
| | | 企业定期开展安全文化建设工作绩效评估，改进安全文化建设工作的情况 | 0.3 | | |

持续改进测评设置了3个二级指标作为考查点，包括企业制定安全文化建设规划、计划和实施运行情况，企业建立搜集合理化建议办法的情况，企业定期开展安全文化建设评估及改进工作的情况。其中企业安全文化建设规划、计划和实施运行情况的比重最高，主要反映企业安全文化建设工作的闭环改进。企业制定安全文化建设规划、计划和实施运行的情况是考查重点。

考虑到企业安全文化建设工作的长期性，坚持运用PDCA的思想指导安全文化建设水平的持续提升是非常必要的。从中长期建设规划的制定开始，要根据相关内容进一步制定年度工作计划，每年要根据开展工作的情况，针对存在的问题对计划进行阶段性目标和实施方案的滚动性修订。

持续改进测评要素的考查重点是PDCA循环的链条是否完整，各环节落实是否到位。其中包括计划是否切合实际、工作是否脚踏实地、检查是否真实反映、改进是否扎扎实实。通过查阅安全文化建设规划、实施方案、工作总结、绩效评估、合理化建议处理记录等相关材料，了解在PDCA各环节工作开展的情况。通过员工访谈、问卷调查侧面了解员工参与合理化建议的程度，以及企业在持续改进方面开展的相关工作。

## 十、鼓励加分项测评

鼓励加分项测评考查的是企业在与安全文化建设相关的其他工作中取得的成绩。该项要素测评主要围绕：省部级以上安全生产方面的获奖、职业健康安全管理体系的认证、行业领域安全生产标准化建设（二级及以上）、安全生产责任保险的投保、安全生产方面的创新活动及影响范围。测评考查主要查阅企业在上述5个方面提供的佐证资料。

# 案例篇

## 他山之石，可以攻玉

“他山之石，可以攻玉”出自《诗经·小雅·鹤鸣》。原意为其他山上的石头，能够用来琢磨玉器。用以比喻别人成功的经验或意见，能帮助自己改正缺点和不足。本篇展示了14家企业在安全文化建设中的体会和经验，供各企业在安全文化建设中学习和借鉴，以利于不断创新。这些企业在安全文化建设中站在系统建设的高度，注重从理念建设出发，强化安全知识学习和安全技能训练，严格规范安全行为，取得了一系列成功的经验。虽然这些企业的安全文化建设实践不见得面面俱到，但是其中每一处亮点，都是值得结合企业工作认真琢磨的。

需要注意的是，安全文化建设没有一成不变固定的模式，不同企业要结合自身安全生产的实际和安全文化建设的基础，积极探索和创建具有本行业和本企业特色的安全文化。

# 第九章
# 企业安全文化理念建设案例

理念建设在安全文化建设中处于核心地位，在安全理念建设中要以“安全第一，以人为本”为根基，综合提高规则意识、责任意识、参与意识、团队意识和进取意识。为了有针对性地提高建设效果，在企业安全文化发展的不同阶段，应该各有不同的侧重点。在企业上下对于安全生产主动性欠缺的起步阶段需要强调规则意识；在推进从被动安全向主动安全转化的合格阶段需要强调责任意识；在发动全员投入安全管理活动中的良好阶段需要强调参与意识；在众志成城齐心协力促安全的优秀阶段需要强调团队意识；在企业需要百尺竿头更进一步的卓越阶段需要强调进取意识。

# 案例一　同行筑安　同心保安

## ——北京公共交通控股（集团）有限公司

北京公共交通控股（集团）有限公司（以下简称北京公交集团）始建于1921年，是以经营地面公共交通客运业务为依托，多元化投资、多种经济类型并存，集客运、汽车修理、旅游、汽车租赁、广告等于一体的国有独资大型公交企业集团。北京公交集团始终将安全工作放在一切工作的首位，坚决贯彻“人民至上、生命至上”的发展理念，引导职工树牢底线思维，红线意识，落实好安全主体责任，并不断地探索创新，安全管理体系日趋完善，逐渐形成北京公交集团“同心”安全文化体系，2023年获评为全国安全文化建设示范企业。

## 一、从“同行”企业文化到“同心”安全文化

“同行”企业文化是北京公交集团在总结百年来的历程体会基础上提炼出来的“一路同行、一心为您”，是北京公交集团企业文化的核心理念。“一心为乘客、服务最光荣、真情献社会、责任勇担当”的公交精神，秉承着“以人为本、乘客至上、创新发展、追求卓越”的核心价值观，体现着“真诚于心、奉献于行”的服务理念，彰显着“一路同行、一心为您”的品牌公信力，践行着“让更多的人享受更好的公共出行服务”的初心和使命，发扬着“吃苦耐劳、乐于奉献、勇挑重担、先进引领”的优秀品格，坚持着“尊重关爱员工、与员工共成长”的共生、共创、共赢的发展原则。

安全是集团“同行”企业文化八个核心要素之一，它代表着集团全体员工对安全发展的诉求，与市民乘客共享安全的愿望。集团在“同行”企业文化基础上，提炼形成了“同心”安全文化，强调从企业员工之间到企业和乘客之间都要同行助安，同心保安，共享安全，为现代公共交通服务企业筑牢安全之基。“同

心”安全文化坚持从“心”出发，注重安全文化建设的知行合一，注重企业员工的心心相印，促进企业上下同心、齐心、倾心共保安全，形成“同行筑安、同心保安”的安全文化特色，发布了安全理念手册。集团全员同心协力，共同打造首都“平安公交”品牌。以安全为依托，筑牢安全基础，坚持维护安全人人有责，全员想安全，懂安全，保安全，共建安全和谐环境，共享安全发展红利。2018年9月26日，北京公交集团正式举行了安全理念手册发布仪式，如图9–1所示。

图9–1　北京公交集团安全理念手册发布仪式

## 二、“同行筑安、同心保安”　理念要素

“同行筑安、同心保安”的核心是“心”。“心”英译为“Heart”，在北京公交集团，这一单词中的五个字母分别对应着“同心”安全理念体系的五大要素。

1. H代表职业健康（Health）

北京公交集团注重职工的职业健康管理，通过完善职工体检与健康管理制度、加强员工健康教育、开展驾驶员心理测试、为员工提供心理咨询与疏导服务、建设“职工之家”“心灵驿站”等方式，对工作场所内、工作过程中产生或存在的职业性危害进行防范控制，促进和保障员工在工作中的身心健康。

2. E代表教育培训（Education）

北京公交集团注重创新教育培训模式，从提高员工整体素质出发，为员工设立了以全国交通运输系统劳动模范候兴光命名的学习、交流和创新工作室。通过开展驾驶员班前安全宣誓和诵读、利用微型消防站开展教育培训、强化应急实战演练等方式，落脚基层、夯实基础、练好基本功，增强员工的安全操作技能和自我保护意识，实现由“要我安全”向“我会安全”的本质转变。

3. A代表风险评估（Assessment）

北京公交集团注重强化风险管理，通过构建一体两翼保安全体系、规范行车安全作业指导书、建设隐患排查管理信息系统等方式，强化隐患闭环管理，从双重预防机制出发，加强预防性机制建设，把工作中的安全风险管控放在隐患前面、把隐患排查治理放在运营生产前面，构建“防什么、怎么防”的风险管理机制，树立员工“想在前做在前”的意识，开发了集团隐患排查管理信息系统。

4. R代表责任体系（Responsibility）

北京公交集团注重主体责任的落实，通过推进安全文化建设示范企业和标准化建设、健全安全管理体系、完善安全管理制度、强化重大活动保障等方式，在集团内部树立“人人有责”的理念，逐级分解安全责任，并有步骤地落实，形成人人负责的工作环境。

5. T代表科学技术（Technology）

北京公交集团注重持续推进科技创安，通过强化主动安全预警系统应用、强化驾驶员异常行为识别系统应用、强化智能安全语音提示系统应用、强化视频监控系统应用、强化车辆安全技术应用等方式，大力实施“科技兴安”战略，保证安全投入，不断改进工艺、更新设备，努力开展安全科技攻关，加快安全管理信息化建设，有效消除人的不安全行为和物的不安全状态等工作现场存在的危险因素，装备了驾驶员异常行为监测系统等设备，用科技成果创造优质的安全保障。

## 三、深入宣贯，夯实基础

安全文化创建是一个长期的过程，需要广泛的群众基础，这是播种安全文化的土壤。为此，数年来北京公交集团不遗余力地通过各种手段传播安全理念，包括：在安全总结、计划、领导讲话稿等安全相关文件中宣贯安全理念；设计主题海报、挂图、展板等，在工作场所、会议室、走廊等处进行宣传；制作视频安全理念宣传片，利用内部网站及一切视频设备进行宣传；编写专门培训课件或在其他安全培训的适当位置穿插安全理念的培训内容；组织专题知识竞赛、辩论赛、征文比赛；每年（或一段时期）以某条安全观念作为安全月等活动的主题，围绕主题展开系列活动；以安全理念为指导思想，征集正面案例与负面案例，并编写案例手册，通过案例摆事实、讲道理，说明安全理念的价值和作用；在安全标志、安全标语、安全宣传栏等现场安全可视化形式中加入安全理念等。这一系列行之有效的方式，把安全理念传递的思想落实到领导、管理者、员工等各层面和每个人的素质、责任、工作、管理中。

经过公司全员共同努力，“同心安全文化”在中国交通报社组织的大众评选中获评为优秀文化品牌和交通运输行业优秀文化品牌。2019年公司获得全国交通运输行业文明单位、文明示范窗口，全国青年安全生产示范岗；2020年获得北京市安全生产先进单位；2021年获得“平安交通奋斗者·北京榜样”优秀集体等荣誉称号。在北京冬奥会、冬残奥会期间，北京公交全部上会车辆实现了中途零故障、安全万无一失目标，杜绝了车辆重大安全隐患，荣获冬奥会、冬残奥会突出贡献集体。

居安思危，思则有备，备则无患，北京公交集团以“同心”安全理念体系五大要素为抓手，认真贯彻“安全第一，预防为主，综合治理”的安全方针，用“心”服务乘客，始终坚定地与乘客同行、与政府同行、与员工同行、与社会同行、与伙伴同行、与行业同行，为“让更多的人享受更好的公共出行服务”提供坚实的安全保障。

（北京公共交通控股（集团）有限公司　夏　宇　王旭昭）

## 案例启示：从企业文化到企业安全文化

北京公共交通控股（集团）有限公司的企业文化和安全文化建设案例，不仅展示了企业如何通过创新和务实的方式解决工作中的难点，更揭示了企业文化与安全文化之间的紧密联系。如何将安全文化建设与企业文化无缝衔接，是各个企业都面临的共同难题，主要表现在以下两点。

（1）文化理念的深度融合难：如何将企业文化理念与安全文化理念深度融合，确保两者在实践中相互促进，而非形成两层皮，是企业面临的首要难点。这需要在各个层面进行理念的宣讲、解读和实践指导，使员工真正理解和接受，将安全文化理念真正融入日常运营中，使之成为员工自觉的行为准则，而非仅仅停留在口号和标语上，是企业在实施过程中必须解决的难题。

（2）全员安全意识的提升难：尽管“安全”是企业文化的重要组成部分，但在日常工作中，员工可能会因各种原因而忽视安全。如何持续提升全员的安全意识，确保每个人都能够时刻绷紧安全这根弦，是企业需要长期努力的方向。这需要在制度设计、流程安排、员工培训等方面进行全面考虑和细致安排。

针对这些问题，北京公共交通控股（集团）有限公司建设“同行筑安、同心保安”理念的做法有三个主要特点。

一是高度重视企业文化与企业安全文化的融合。他们不仅将安全视为企业运营的基础，更将其融入企业的核心价值观，使之成为企业文化的核心组成部分。

二是坚持创新和务实相结合。在推进安全文化建设的过程中，他们不仅注重与企业文化一体化，更在实践中不断探索新的管理方法和技术手段，使安全措施落到实处。

三是企业安全文化建设是一个长期的过程，需要不断地投入和努力。只有坚持不懈地推进企业安全文化建设，才能为企业的发展提供坚实的保障。而在这个过程中，每一个员工的参与都至关重要，只有大家同行同心、齐心协力，才能共同创造一个安全、和谐的工作环境。

北京公共交通控股（集团）有限公司安全文化建设案例，为人们提供了一个宝贵的参考。它不仅告诉人们如何解决工作中的难点，也告诉人们如何通过创新和务实的方式推动企业的发展，如何将企业文化与企业安全文化紧密联系，真正实现企业的可持续发展。

注重企业文化与企业安全文化的融合，特别需要注意企业安全文化不是孤立的，而是企业文化在安全发展中的重要体现，二者必须相辅相成，共同推动企业的发展，有机地结合起来。企业安全文化建设是一个长期的过程，需要在已经相对成熟的企业文化的基础上不断地更新和完善，只有不断创新，才能建设成真正适合本企业的安全文化。

每个企业都有自己独特的环境和文化背景，只有找到适合自己的发展道路，才能真正实现企业的目标。同时，也要保持开放的心态，不断学习和吸收新的管理理念和技术成果。

# 案例二　夯实安全“五力”，筑牢文化阵地

## ——华能重庆两江燃机发电有限责任公司

华能重庆两江燃机发电有限责任公司（以下简称两江燃机）作为西南地区首座，也是重庆市唯一的一座燃气–蒸汽联合循环冷、热、电三联供综合清洁能源发电企业，肩负着为城市居民和工商业等重要行业提供可靠电能的使命。为了保障安全稳定地为社会持续输送充足合格的电力能源，两江燃机齐心协力创建安全文化，2020年被中国安全生产协会命名为“全国安全文化建设示范企业”。

### 一、凝聚安全理念，夯实安全“五力”

作为现代电力企业，公司结合实际探索和凝聚出一套系统科学具有鲜明特色，涵盖了两江燃机价值观、使命和愿景的理念体系，强调“以德润心，以文化人”，推进了安全文化建设，造就了企业强劲持久的安全发展动力。

#### 1.发挥文化导向力，筑牢“本安”之家

两江燃机以构筑“本安之家”为出发点，通过专题调研、讲坛辩论、理念征集等形式，切合自身特点，群策群力提炼出“追求‘1’次做好、保证‘2’个健康（人员健康、设备健康）、坚守‘3’零目标（零伤害、零事故、零污染）、实现‘4’个到位（计划到位、执行到位、检查到位、考核到位）、落实‘5’个多（多问一句、多想一点、多看一处、多守一会、多查一遍）”的核心安全理念。

#### 2.发挥文化凝聚力，筑牢“和谐”之家

两江燃机以文化凝聚力为驱动，“筑安、护安、固安”三位一体，构筑企业和谐与安全，让员工“快乐工作，幸福生活”。

一是坚持以人为本理念筑“安”。开展“家属开放日”活动，增强职工家属安全建设认同感；实施外包人员“四个一样”管理，增强外包人员归属感；党政工团齐抓共管，建设职工快乐小家，打造两江幸福大家，增强集体荣誉感。

二是强化领导践行示范护“安”。公司领导每周轮流深入基层班组参加安全学习活动，率先垂范，彰显了安全管理的人性化。

三是完善安全评价体系固“安”。职工积极开展“我为他人，他人为我”宣誓活动，签订“我为安全，安全为我”承诺书，实现职工严于律己的自我管理，构建以“四不伤害”为根本原则的和谐之家。

### 3.发挥文化约束力，筑牢“规范”之家

两江燃机始终以“筑红线、守底线”为原则，充分发挥文化约束力的作用，从行为、视觉、听觉三维度建立了相应规范。

一是全面贯彻“企业安全生产责任体系五落实、五到位规定”，狠抓“责任、投入、培训、管理、应急”等工作。

二是以“全员安全生产责任制落实年活动”及“风险分级管控及隐患排查双重预防机制建设”活动为载体，大力推进“四个体系”（责任、制度、保障、防控）落地生根，坚持关口前移、强化过程管控。

三是以“时间轴”为主线，细化厂内各环节管理举措。以公司录制的“安规”音频课件、“安全文化手册”“7条安全红线”等为切入点，采用耳听、眼看、实操等方式全方位接受入厂安全培训；通过集中站班会、全员安全承诺等方式传递信息，打造全员“规范”之家。

### 4.发挥文化激励力，筑牢“成长”之家

两江燃机开展了形式多样的技能培训，建立健全员工激励机制，不仅强化了员工的安全技能，也为员工搭建了成长与成才平台。

一是安全培训的全覆盖。持续开展安全教育培训质量和班组安全管理水平“双提升”活动：加强职工技能培训，举办技能培训大赛，提升现场设备状态检修水平，提高运行检修人员综合技能。

二是定期举办“安全大讲堂”。鼓励员工走上讲台，讲述一个安全故事，传授一个安全知识，分享一个安全感悟。

三是建立“安全积分制”。对全体员工的安全行为管理实施了量化考核，个人安全积分与年度评奖评优、岗位考核相挂钩，实现员工安全管理与员工绩效管

理同频共振。

5.发挥文化辐射力，筑牢“模范”之家

两江燃机在安全文化建设的实践中不断加强人文关怀，提高服务意识，打造与社区、园区、高校、政府等社会公众的良性互动，发挥示范引领作用。

一是公司组建电力安全志愿者团队，定期开展“电力安全宣讲进社区”活动，对社区居民开展安全用电知识普及、入户电气安全排查、电气维修维护等活动，增强社区居民用电用气安全意识。

二是公司拥有集团公司最长一条（81.7千米）天然气长输管线，每年牵头与当地政府、沿线居民和相关企业联合举办天然气管道事故应急演练，提高了沿线居民的安全意识和应急处理能力，取得了良好的社会效应。

## 二、构建两江燃机安全文化建设模式

在夯实安全“五力”过程中，两江燃机提炼出了“12345”安全核心理念，总结归纳出了具有两江燃机特色的安全文化建设模式（图9–2），丰富了企业安全文化体系，促进了全员安全意识、责任落实、技能水平的显著提高，充分发挥了安全文化在安全生产中的重要作用。

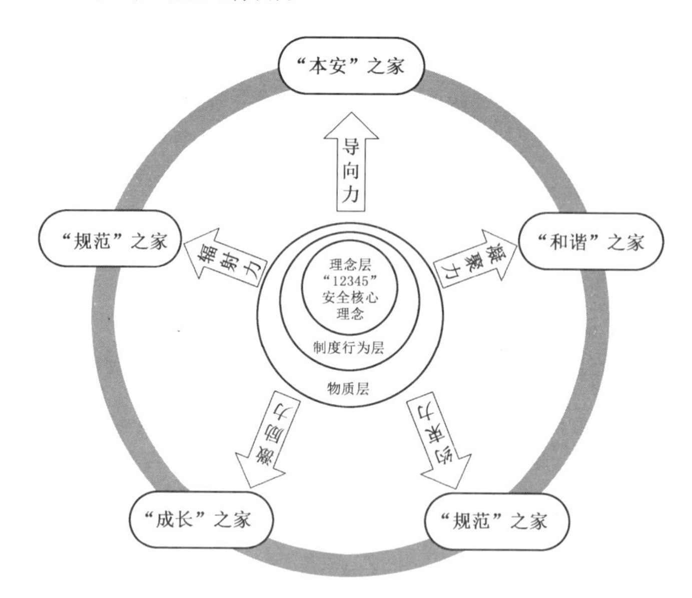


图9–2　两江燃机安全文化建设模式

### 1. 提炼出“12345”的安全核心理念

通过制度行为层和物质层的建设，将这一理念贯彻落实到安全生产工作中，现场作业文明程度显著提升，生产管理井然有序，工作流程按部就班，“两票三制”落到实处，切实让安全文化成为企业安全管理的核心力量。

### 2. 极大地丰富了企业文化体系建设

安全文化是企业文化体系建设的重要组成部分，是企业软实力的重要体现，也是企业发展的内在刚需。两江燃机已将安全文化建设纳入了企业五年发展规划，成为企业保障安全生产的长效机制。

### 3. 全员安全意识、责任落实、技能水平显著提高

2022年全年机组安全启动343台次，做到了人身安全、设备安全和电网安全，实现了人员零伤害、设备零损坏、机组“零非停”，自投产以来实现了长周期连续安全生产近3200天。

（华能重庆两江燃机发电有限责任公司　赵文博　张学华　张　伟　张大勇）

## 案例启示：怎样全面发挥安全文化的作用力

华能重庆两江燃机发电有限责任公司通过凝聚安全理念，夯实安全的文化导向力、文化凝聚力、文化约束力、文化激励力、文化辐射力，为企业的安全生产提供了坚实的保障，该案例展示了企业如何发挥安全文化的作用力，更揭示了企业文化与企业安全之间的紧密联系。

企业在安全文化建设过程中，经常面临的挑战和难点是：

（1）文化理念的深入人心难：安全文化不仅仅是挂在墙上的标语，更需要每一个员工从内心深处认同并践行。如何让员工真正理解并接受“本安、和谐、规范、成长、模范”这五个家的理念，并将其转化为自觉行动，是实施过程中的首要难点。

（2）员工行为的规范统一难：电力行业对安全的要求极高，任何细微的疏忽都可能导致严重的后果。因此，如何确保所有员工都能严格遵守安全规范，做到“四个到位”，是安全文化建设中必须解决的难题。

（3）安全培训与实际操作结合难：安全培训是提高员工安全意识和技能的重要途径，但如何将理论知识与实际操作有效结合，使员工在面对突发情况时能够迅速作出正确判断和处理，也是一个不小的挑战。

两江燃机在安全文化建设中的做法呈现出以下三个显著特点：

（1）注重人文关怀与家文化建设：公司不仅关注员工在工作中的安全表现，更重视员工的身心健康和家庭幸福。通过开展“家属开放日”等活动，增强员工及其家属对公司的认同感和归属感，从而激发员工内在的安全动力。

（2）领导率先垂范与全员参与：公司领导不仅制定了完善的安全管理制度和规范，更以身作则，深入基层班组参加安全学习活动，为员工树立了良好的榜样。同时，公司鼓励全员参与安全文化建设，从各个层面和角度共同筑牢安全防线。

（3）强化过程管控与持续改进：公司注重安全管理的过程管控，从源头抓起，严把每一道关口。同时，公司还建立了完善的反馈机制和持续改进机制，不断根据实际情况调整和优化安全管理策略和方法。

案例提醒人们，在推进安全文化建设的过程中，需要注意以下两个方面：

（1）保持安全文化的持续性和稳定性：安全文化建设是一个长期而持续的过程，不能一蹴而就。公司需要保持对安全文化建设的持续投入和关注，确保各项措施能够得到有效执行和长期坚持。

（2）注重与外部环境的沟通和协作：电力行业是一个与社会高度关联的行业，公司的安全不仅取决于自身的努力，还受到外部环境的影响。因此，公司需要积极与社区、园区、高校、政府等社会公众进行沟通和协作，共同营造一个安全、和谐的环境。同时，通过分享自身在安全文化建设中的经验和做法，发挥示范引领作用，推动整个行业的安全水平提升。

# 案例三　多层次设立安全愿景，打造行业安全典范

## ——北京金隅琉水环保科技有限公司

北京金隅琉水环保科技有限公司（以下简称琉水公司）始建于1939年，隶属于北京金隅集团。多年来，琉水公司作为一个历史悠久的企业，积极践行“四个发展”战略理念，以打造建材行业安全典范为愿景，营造“我能安全”新氛围，践行“构建安全工作环境保障员工生命健康”的安全使命。随着高质量发展的持续推进，琉水公司逐步形成“固危废环保处置+对外技术服务+建材的多元化发展”模式，持续传承好、弘扬好安全文化，切实提升了全员安全意识、技能，“以文化保安全、以文化促安全”的安全发展理念进一步得到深化。2020年12月琉水公司获得全国安全文化建设示范企业称号。

## 一、发挥安全文化引领作用，分层设立安全愿景

安全愿景指心中的愿望所向往的前景，是企业安全生产的中远期目标。琉水公司以打造建材行业安全典范为愿景，体现了企业核心价值观。琉水公司有志于聚合全体员工的共同努力，为了使员工既能够看到自己企业安全生产的美好前景，又能够促进班组共创佳绩，更能够激发员工安全生产的工作热情，我们从个人、班组、公司三个层面入手分层次设立了金隅琉水公司安全愿景：①将个人的行为树立为班组的安全典范；②将班组的安全绩效打造为公司的典范；③将公司的安全文化塑造成建材行业的典范。安全愿景促进企业全员充分认可企业的各项安全管理措施，自觉地贯彻执行各项安全指令，通过技术创新、管理创新和思想创新，推动公司安全发展向新的层级跃升。

## 二、将个人的行为树立为班组的安全典范

从每个人自身入手，不论在何种作业环境和条件下都能够做到想安全、会安全、能安全，具备自主安全管理的意识和能力，确保四不伤害。

### 1. 创新培训模式，提升安全教育培训效果

琉水公司始终把提高职工安全素质作为抓安全生产的立足之本，致力形成“理论培训＋实际操作+安全体验”三位一体的培训方式。通过经理带头讲授安全公开课、举办安全知识竞赛、进行安全体验式教育培训等方式，使职工在轻松活跃的气氛中学习安全知识。建立各岗位达标标准，使每位员工都能成为“岗位安全能手”。

### 2.“安全行为观察”主动干预，消除不安全行为

数据表明90%以上的事故都是由人的不安全行为造成的。通过书记、经理带头开展安全行为观察活动，采用“不记名、不责备、不处罚”的三不原则，形成浓厚的主动干预文化氛围，促使员工养成良好的安全自控能力和安全行为习惯，使每位员工都能够做到“上标准岗、干标准活、做安全人”。

## 三、将班组的安全绩效打造为公司的典范

每个班组都行动起来，先做到规范管理，再做到标准化、精益化管理，持续改进，不断攀登，争创公司、集团甚至全国的安全示范班组。

### 1. 领导干部定点帮扶，高效解决班组安全难题

琉水公司建立了书记、经理、工会主席等领导干部帮扶班组的基层安全机制，领导干部先后带头认领一线班组结成帮扶对子，不仅现场帮教指导，还现场做示范。走进班组讲安全，带头包保不放心人员，带头深入现场查找隐患，制止不安全行为，解决实际问题，在公司上下营造人人讲安全、环环重安全的浓厚氛围。

### 2. 夯实基层基础，提升一线班组管理水平

把安全防线建立在基层一线，建立健全了“班组安全管理制度”，构建了班组安全文化建设系统、科学、监督有效的制度体系。将安全文化建设下沉到班组一线，坚持班前会必谈安全、班组安全宣誓，坚持每月组织一次班组安全活动。

通过岗位练兵、技能培训、师带徒等方式促进了班组安全管理水平明显提升。

## 四、将公司的安全文化塑造成建材行业的典范

每一个人都做到最好，每一个班组都向标杆看齐，自然而然整个公司就会变得更加优秀，我们的安全业绩、安全文化将保持卓越，并引领行业的发展。

### 1. 凝练公司安全理念体系

琉水公司企业文化薪火相传，经过83年的沉淀和实践，形成了独具特色的企业安全文化，提炼出了明确的琉水公司安全理念体系，如图9–3所示。

安全理念体系

- 安全愿景：打造建材行业安全典范
- 安全方针：以人为本、安全至上、系统管理、追求卓越
- 安全核心价值观：安全是生命，安全是责任，安全是效益
- 安全使命：构建安全工作环境，保障员工生命健康
- 安全管理理念：落实责任，安全发展
- 安全目标：零死亡，零伤害，零事故

图9–3　琉水公司安全理念体系

### 2. 构建管理网络，建立全员安全生产责任

公司建立安全生产领导机构到基层班组的安全生产管理网络，构建起从员工、班组、车间到公司的安全生产主体责任体系，建立健全公司全员安全生产责任制，“人人肩上扛责任”不断提高安全管理水平。

琉水公司安全文化是实现安全发展的软实力，是几代琉水人的工作实践与探索的总结，是广大琉水人安全态度、习惯和行为规范的总和。琉水公司将安全文化贯穿于生产经营全员、全过程，形成了较为完善的安全管理体系，通过从个人、班组、公司三个层面入手分层次设立安全愿景，有效助推了“以文化引领打造建材行业安全典范”的实践，安全文化氛围正进一步浓郁，安全发展的理念已深深融入每个人活动中，已深深烙印在公司高质量发展的道路上。

（北京金隅琉水环保科技有限公司　练礼财　马永军　高立东）

## 案例启示：安全愿景的设置要具有可操作性

安全愿景设置要具有可操作性，否则就可能成为虚无缥缈的幻影。北京金隅琉水环保科技有限公司在其安全文化建设中，强调多层次设立安全愿景，旨在打造行业安全典范。这样的做法不仅提高了企业整体的安全管理水平，也增强了员工的安全意识和责任感。从这一案例中，人们可以得到关于安全愿景设置要具有可操作性的经验启示。

安全愿景的设置是该案例中所解决的问题，其难点在于如何将这一愿景与企业的实际情况相结合，使其具有可操作性。安全愿景是一个宏观的目标，如果只停留在口号或理念层面，无法具体实施，那么其意义就会大打折扣。因此，如何将安全愿景细化、具体化，使其具有可操作性，是该案例所面临的挑战。

针对这一问题，北京金隅琉水环保科技有限公司采取了多层次设立安全愿景的做法。他们不仅在宏观层面提出了公司的安全愿景，还将其分解为企业、部门、班组直至个人的具体目标。如此，每个层级都有自己的安全愿景和责任，使得整个公司在实现宏观安全愿景的过程中，也能保证每个环节、每个员工都按照既定的目标前进。这样的做法具有三个主要特点：

（1）注重层次性与系统性结合：琉水公司的安全文化建设从个人、班组到公司三个层面逐步推进，既注重每个层次的独特性，又强调整体的系统性，确保各层次之间的协同和互补。

（2）强调示范与引领的作用：通过树立个人安全典范、打造安全示范班组、塑造行业安全文化典范，形成点面结合的推广模式，以局部的具体的变化带动全局的宏观的发展和进步。

（3）坚持文化与管理相融合：公司将安全文化融入管理体系中，通过制定和执行各项安全规章制度，确保文化理念转化为管理实践，实现文化与管理的有机融合。

学习这一经验时，有两个需要注意的问题。一是要注重安全愿景与实际工作的结合，确保安全愿景的一致性和协调性。设立安全愿景是为了指导实际工作，因此必须注重将愿景与实际工作相结合。在制定工作计划、安排生产任务时，要充分考虑安全因素，确保各项工作在安全的前提下进行。同时，要加强对实际工作的监督和检查，及时发现和纠正存在的安全隐患和问题。而且，不同层级的安全愿景应相互协调、一致，形成一个完整的安全管理体系。二是要注重员工参与和培训，持续强化安全意识的培育。员工是实现安全愿景的关键因素，应鼓励他们积极参与、提供反馈和建议。在实施安全文化建设的过程中，必须始终强调安全意识的重要性。通过各种形式的教育、培训和宣传，不断提高全体员工对安全生产的认识和重视程度，确保每个人都能够时刻绷紧安全这根弦，自觉遵守各项安全规定和操作规程。

# 案例四　守正拓新，让安全文化引领安全生产全过程

## ——神木能源集团石窑店矿业有限公司

神木能源集团石窑店矿业有限公司位于陕西省神木市店塔镇，公司成立于2009年7月，注册资本金8亿元，是由陕西神木能源集团有限公司控股（84%）、府谷县国有资产运营有限责任公司参股（16%）建设的国有煤炭生产企业。

公司始终坚持落实党的安全生产方针不动摇、始终坚持落实企业安全生产主体责任不动摇、始终坚持人本管理的理念不动摇，不断探索把握安全规律、不断优化安全管理网络、不断深化安全文化体系，有效促进了安全生产稳步推进。尤其是2021—2023年，公司以创新管理为先导，积极探索安全文化发展建设的新路径，推动安全文化共谋共建快速发展。对安全文化的遵循原则、实现路径与相关理念，结合公司安全生产的所需所求进行了深化修改，完成了“1137”安全管控模式到“1246”安全管控模式的蝶变，让安全理念更加切合实际、通俗易懂、深入人心。

通过安全文化的引领、安全文化的深度融入，健全的安全生产制度体系保驾护航，安全生产周期延续3760余天。公司先后被授予全国煤炭工业特级安全高效矿井、全国安全文化建设示范企业、陕西省煤矿安全先进集体、绿色矿山先进单位、平安矿区等几十项荣誉。

### 一、树立安全文化理念，提高安全责任意识

深入开展党员创先争优、党员示范区、党员先锋和党员身边无事故活动；开展了家属协管、技术比武、青年安全监督岗、安全演讲比赛、安全知识竞赛、安

全生产月、百日攻坚、救援演练等一系列活动，不断强化职工安全意识。

公司以“三零目标”为引领，筑牢红线，积极推进“和”文化建设，加大安全文化宣传力度，扎实开展“安全生产月”活动，修编安全文化手册，制作安全文化宣传片，组织开展全员安全警示教育、事故案例讲评、安全知识竞赛和举办安全生产月演讲比赛等形式多样的安全活动，将安全文化宣传阵地延伸到班组、现场，让安全文化理念根植于内心、落实在行动。同时充分利用各类宣传平台，向员工灌输公司安全生产理念，凝心聚力，营造良好氛围，形成共同的安全价值取向。

### 1.从零开始，向零奋斗，赢在规章，胜在执行

**从零开始，向零奋斗：**“零缺陷”“零事故”体现了以人为本的安全管理理念，既是对管理者的要求，也是对员工安全意识的强烈呼唤。我们认为一切风险都是可以预防的，员工的生命和健康在企业的生产经营和管理过程中处于至高无上的地位，“从零开始，向零奋斗”是“尊重生命权”的具体体现。尊重生命权体现了石窑店矿业有限公司对员工生命健康的高度负责的管理和文化理念。

**赢在规章，胜在执行：**我们坚持以人为本、安全发展的指导原则，但需要全面加强安全基础管理，建立和健全系统的安全规章制度，为安全管理、安全运行奠定坚实的基础；全体员工必须深刻认识到“条条规章血凝成”，对规章制度要无条件地“执行”和“遵守”。执行规章既要员工提高认识使之成为自觉行为，更要管理者身体力行、严格执行，使遵守规章成为良好的工作作风、企业文化的核心因素。

### 2.着力打造“亲情文化”

安全管理的核心是对“人”的管理，公司把解决“人”的问题作为企业安全文化建设的终极目标。公司不定期组织职工家属进一线、走现场、做交流活动，建立了以互信、诚信、责任、敬业、热情、感恩六大核心价值观为支撑的“亲情文化”模型，制作亲情寄语，拍摄亲情视频，增加亲情展示模块，以情感召力作为凝心聚力的重要手段，不断融合，层层深入，使之成为一种潜移默化、改变心智、影响行为的无形力量，多渠道、全方位对员工实行健康向上的文化引领。

### 3.营造安全文化环境

一是打造了拥有强烈视觉冲击力和感染力的安全文化长廊和职工之家；二是

打造了区队视频会议室，保证安全规章、制度、指令能迅速传达落实；三是在井口、办公楼、联建楼、厂区主干道等醒目位置设置了安全宣传专栏、安全灯箱、LED大屏，用通俗易懂、触动心灵的语句进行安全文化宣传；四是在井下采掘工作面、主要硐室设置了安全提示，危险源及管控措施、应急处置卡、岗位操作规程等牌板。

#### 4.坚持“三个一”安全警示教育

公司每月组织一次警示教育，区队每旬组织一次警示教育，班组每周组织一次警示教育，促使广大员工从思想深处更加珍爱生命、重视安全、规范操作，激发搞好安全生产的力量。

公司制作了入井安全须知和井下灾害应急处置视频，定期播放、定期更新，使安全行为内化于心、外化于行，真正实现安全教育常态化。

每年定期开展“以案说法”警示教育活动，让全体员工利用身边的事故案例警示身边人，在接受教育和深刻反思中，进一步增强安全责任意识。坚决杜绝麻痹松懈的思想倾向和侥幸心理，从思想和心灵深处产生震撼、引发共鸣，形成关注安全、关爱生命、安全发展的思想自觉和行动共识。生产区队定期开展“谈心谈话”“警示教育”或“亲情教育”活动，让每名职工深刻体会到发生的违章、涉险经历可能造成的严重后果，提醒全员增强安全意识，按规定上岗作业。

## 二、浴火淬炼，实现安全管控模式1.0到2.0的升华

#### 1.“安全管控模式1.0”

**“安全管控模式1.0”**是指2016—2019年形成的“1137”安全管控模式。“1”一个目标：零死亡、零重伤、零事故，即“三零目标”；“1”一条主线：安全生产标准化建设；“3”三个抓手：通过安全风险分级管控、事故隐患排查治理、应急先期处置相结合的“三位一体”工作体系；“7”7S管理：整理、整顿、清扫、清洁、素养、安全、节约，夯实安全管理。

#### 2.“安全管控模式2.0”

**“安全管控模式2.0”**是指2021—2023年通过深化形成的“1246”安全管控

模式，坚持做到“一条主线、两项提升、四个加强、六个到位”。

**“1”一条主线。**防范重大安全风险工作主线，树牢红线，严守底线。

**“2”两项提升。**一是提升安全生产标准化管理体系建设水平；二是提升应急能力建设。

**“4”四个加强。**加强安全风险精准管控；加强隐患排查治理；加强关键时段的安全生产管理工作；加强安全文化建设。

**“6”六个到位。**责任落实到位；教育培训到位；监督管理到位；考核问责到位；安全投入到位；重大灾害超前治理到位。

## 三、创新赋能，推动安全生产持续稳定向好

### 1.创新科研阵地

为充分发挥技能领军人才优势，更好地搞好科技研发、技术攻关和降本增效工作，公司出台了“创新激励管理办法”，不断激发职工降本增效意识，提升自主创新能力。三年来，相继完成“带式输送机堆煤改造”“$3^{-2}$煤北翼电磁启动器项目”“204手检皮带机头溜槽加拉绳闭锁”“EJM–340–2掘锚机配套皮带机尾刚性架底托辊改造”“井下自动隔爆装置”等技术改造，有效推进矿井技术进步。

### 2.推行安全确认管理工作

全面推行“手指口述”安全确认工作法、岗位清单“明白卡”等考核管理工作，加强安检队伍建设，做好岗前安全风险辨识和安全确认管理工作。严格执行生产安全责任事故“一票否决”制，以“零容忍”的态度从严查处各类生产安全事故和涉险事故。

### 3.落实“双卡”应急管理法

“双卡”指避灾路线卡、应急处置卡。公司为入井人员制作了避灾路线卡和应急处置卡，确保事故发生后能第一时间进行应急处置，切实提高煤矿全体入井人员应急处置能力，防止事故扩大，减少事故损失。

### 4.常态化开展安全文化交流活动

常态化开展安全文化交流活动，持续通过到周边先进矿井考察文化交流和内部邀请指导，不断交流促进不同文化之间的思想碰撞，从而了解不同文化的创新

思维和创新方式，在安全文化建设方面取长补短，弥补自身的缺陷，更好地引领安全生产。

安全工作永远在路上。神木能源集团石窑店矿业有限公司将无比珍惜当前来之不易的安全管理成果，树牢红线意识，坚守底线思维，坚持文化引领，确保安全文化创新与安全生产管理深度融合、同频共振，促进公司高质量发展。

（神木能源集团石窑店矿业有限公司　白永彪　武小宏　李　峰　李　刚）

## 案例启示：生命和健康至高无上

“尊重生命权”是安全文化建设的核心追求。石窑店矿业公司提出“从零开始，向零奋斗”，将生命安全放在首位，充分“尊重生命权”，把员工的生命和健康在企业的生产经营和管理过程中置于至高无上的地位。

随着经济的快速发展和工业化进程的加速，矿业公司的生产压力不断增大，公众对于安全生产问题的关注度也在不断提高，一旦发生矿业生产安全事故，不仅会给公司带来巨大的经济损失和声誉损害，还可能引发社会的不稳定因素。在当前的社会背景下，矿业公司在安全生产方面可能存在一系列复杂多样的问题：

（1）生命安全的意识仍然薄弱：有的矿业公司过于追求生产数量和经济效益，对于生产人员生命安全问题重视不够，导致威胁生命安全的隐患无法及时排查和整改。

（2）安全教育培训不足：有些矿井工作人员上岗培训不够，安全素质仍然不足。公司未能定期对工作人员进行安全保护方面的专业培训，导致矿工的技能水平和专业知识水平不高。

（3）安全监管工作不完善：安全管理部门职权不明确，监察管理工作散漫，执行力度不够，安全检查管理部门不能体恤一线人员的诉求，缺乏沟通协调。

针对上述矿业行业内安全生产管理方面存在的问题，神木能源集团石窑店矿业有限公司有自己独特的做法，有以下几点：

（1）坚持人本理念：公司将人的生命安全放在首位，“从零开始，向零奋斗”是“尊重生命权”的具体体现。公司着力打造“亲情文化”，所有安全管理措施都围绕保障员工安全展开，体现了深厚的人文关怀和企业责任。

（2）加强安全生产教育：公司坚持开展“三个一”安全警示教育，使广大员工从思想深处更加珍爱生命、重视安全、规范操作。同时，通过定期开展以案说法等警示教育活动，进一步增强了员工的安全责任意识。

（3）升级安全生产管理模式：公司通过不断的探索和创新，实现了安全管控模式从“1.0”到“2.0”的升华。新的安全管控模式更加注重风险防范、应急能力提升、安全风险精准管控等方面，使公司的安全生产管理水平得到了全面提升。

其他企业在学习神木能源集团石窑店矿业有限公司在安全生产管理方面的做法经验时，需要注意以下几个问题：

（1）注重员工参与：员工是企业安全生产管理的参与者和受益者，他们的参与和配合对于安全管理工作的成功至关重要。因此，在学习先进经验时，需要注重员工的参与和培训，提高他们珍爱生命的安全意识和技能水平。

（2）强化监督和考核：监督和考核是确保员工生命安全措施有效执行的重要手段。在学习这些经验时，需要强化监督和考核机制，确保各项措施能够得到有效执行，并及时发现和纠正存在的问题。

# 案例五　夯实班组建设根基，推动企业安全发展

## ——中铁北京工程局集团有限公司

中铁北京工程局集团有限公司是世界双500强企业——中国中铁股份有限公司的全资子公司，是一家集工程设计、施工、科研、开发、投资于一体的综合性大型建筑集团，公司拥有AAA级企业资信，具备年650亿元以上生产经营能力，公司先后通过了质量管理、职业健康安全、环境管理体系和工程建设施工企业质量管理规范认证，并成为国内首批装配式建筑质量管理体系认证企业。公司注重企业文化建设，致力于塑造本质安全型企业，先后荣获"北京市安全文化建设示范企业""全国安全文化建设示范企业"等荣誉。

公司在长期的生产经营活动中，以体系建设为保障，以制度建设为规范，以全员参与为基础，以加强预防为核心，已逐步形成了自成体系和自主特色的企业安全文化的形态体系。

班组是企业的最小生产单位，班组管理是企业管理中的基础。公司高度重视班组建设，不断丰富和升华班组安全文化建设的内涵，提升班组安全管理水平。

### 一、落实安全生产基层责任，稳固基础管理

班组管理中，班组长充当的是一个兵头将尾的角色，通过合理运用手中的权力调动每个员工的工作积极性，使班组充满活力。公司结合实际，下发"施工作业班组长安全质量责任制管理细则"，明确班组长及其安全管理责任，各工程项目成立班组长安全质量责任制建设领导小组，将责任落实到施工班组，全面启动班组长安全质量责任制工作措施。各作业层班组长与项目部签订"班组长安全质量责任书"和"安全质量承诺书"，明确工作要求和考核办法，力求建立稳固的安全质量管理基础。通过责任体系的建立，保证了班组建设工作健康有序进行。

没有规矩，不成方圆。公司通过制定班组的各项管理制度，明确班组内的工作职责、任务、作业程序等。通过制度的建立健全，使班组的基础工作做到工作内容指标化、工作要求标准化、工作步骤程序化、工作考核数据化、工作管理系统化。

## 二、落实教育培训，强化安全生产基本功

教育培训是职工安全观念文化形成的最主要的途径，是提高职工安全文化素质最深刻、最根本的方法。公司持续加强对班组技能、安全生产、岗位职责和工作标准等方面的教育培训，严格落实员工岗前培训制度，使其了解相关的安全管理制度，增强安全操作技能、掌握作业场所和工作岗位存在的危险因素及防护措施、应急措施。通过教育培训，提高员工素质，公司将班前讲话作为一项重要的工作来做，监督各班组落实班前讲话制度的情况，通过下发文件规范施工班组班前讲话制度。

为切实提高职工的安全生产意识，公司在在建项目建立安全体验馆，用安全帽撞击体验等项目真切地体会感受违章带来的安全隐患，进一步提高在职职工的安全生产意识。

为顺应“互联网+”发展趋势，最大限度地满足项目一线员工培训学习和考试需要，做到全员参与学习培训。公司安监部与软件公司紧密合作，联合研发在线安全生产培训平台“安培在线”，培训平台上构建安全文化专栏、安全法制、安全制度、安全技术、事故案例、应急管理、班组建设、安全月、质量月等专栏，学习培训、考试已全面应用，极大地提高了培训效果。

## 三、加强“四化”管理，提升管控效率

公司结合实际，逐步实现施工班组管理制度、管理民主的标准化。公司通过认真做好日常生产状况、生产工艺监控记录，为班组日常管理工作提供可靠依据，切实减轻班组负担。一是班组建设专业化：培训懂专业、应知应会强的班组长，带领班组用先进的安全技能和技术提升专业能力。二是安全生产标准化：以标准化为抓手，加强班组达标创建和考核管理，促进体系与班组的标准融合。三是安全生产数字化：加快信息技术与安全生产的深度融合，全面提升风险分级管控与隐患排查和预警响应的信息化水平，以问题为导向，开展问题隐患大数据分析，为安全生产提供数据化支撑。四是安全生产精细化：在规范化基础上，把

精、准、严、实落实到班组每个员工的具体操作指南。公司鼓励班组职工参与班组的生产、决策及管理，不断地改进和完善职工意见反馈体系，最大限度地发挥班组成员的积极性、主动性和创造性。公司强化各级组织和各个方面对班组管理工作的综合指导和支持，提升管控效率。

## 四、营造良好工作氛围，提升现场管理水平

班组的现场管理水平是企业的形象、管理水平和精神面貌的综合反映，良好的工作氛围包括整洁的作业现场、安全的工作环境、融洽的人际氛围、团队的合作精神。公司通过打造良好的工作环境有效保证员工的思想稳定，提高员工的工作热情。

### 1.精心策划，打造清新整洁的作业现场

在班组生产现场管理中，公司通过精心策划，导入“6S”管理活动，形成以班组管理为活动平台，以人本管理，以安全、环保为目标因素的生产现场动态管理系统，从而为职工创造一个安全、卫生、舒适的工作环境。

### 2.关注生命，关爱健康，不断完善职工职业健康

公司每个项目部设置医务室，配备急救箱，为员工提供日常健康服务和咨询，并逐步建立完善职业健康监护体系，严格实施岗前、岗中、离岗职业健康体检制度，为每位员工建立职业健康档案，邀请有资质的机构进行健康体检。

### 3.提倡人文关怀，亲情教育

公司项目项通过开展职工之家、幸福之家建设，开展施工服务日，使每一位员工在工作中充分体会到家的感觉，用亲情温暖职工，用柔情感化职工，用热情服务职工，构筑起牢固的安全第二道防线。

班组是企业生产组织机构的基本单位，是企业进行生产管理活动的主要场所，是企业完成安全生产各项工作的主要承担者和直接实现者，是生产单位安全管理的落脚点。班组更是安全生产的前沿阵地，懂安全、会安全才能把安全的理念根植于员工脑海中、落实在具体工序作业中，这是防止生产安全事故的第一道防线。中铁北京工程局集团有限公司夯实班组建设基础，打造班组安全文化理念，使班组安全成为企业安全发展的基石。

（中铁北京工程局集团有限公司　章　涛　刘政美）

## 案例启示：落实安全生产责任制要从基层做起

近年来，铁路系统坚持强基达标，要求强基础、强基本、强基层，实现生产达标、安全达标，不断推进各项工作的标准化和规范化。中铁北京工程局集团有限公司通过夯实班组建设根基，助推企业安全发展的实践案例，为人们提供了宝贵的启示。企业在夯实班组建设根基方面经常面临的主要难点是：

（1）班组人员流动性高：作为施工企业，项目分布广泛，班组人员经常需要在不同项目间流动，这增加了班组建设的难度，如何确保流动中的班组成员都能接受到统一、有效的安全文化和技能培训，是实施过程中需要解决的难点。

（2）现场安全管理复杂性：施工现场环境多变，安全风险点众多，如何确保班组在各种复杂环境下都能严格执行安全标准，是班组建设面临的又一挑战。

针对上述问题，中铁北京工程局集团有限公司的做法有以下特点：

（1）系统化的责任体系构建：公司通过建立“施工作业班组长安全质量责任制管理细则”，明确了班组长的安全质量责任，并与项目部签订责任书，形成了从上至下、层层落实的责任体系，确保了班组建设工作有序进行。

（2）创新的教育培训方式：公司不仅采用传统的培训方式，还结合现代科技建立了在线安全生产培训平台，实现了全员参与、随时随地学习。同时，通过建立安全体验馆，让员工切身体验违章带来的后果，增强了员工的安全意识。

（3）“四化”管理的全面推行：公司提出的班组建设专业化、安全生产标准化、安全生产数字化、安全生产精细化“四化”管理理念，通过规范落实班前讲话制度，促进提升班组的管理水平和管控效率。安全生产数字化的推行，利用大数据等现代信息技术为安全生产提供了有力的数据支撑。

中铁北京工程局集团有限公司企业安全文化建设的经验不仅对该企业自身的持续发展具有重要意义，也为其他行业、企业在班组管理和安全生产方面提供了有益的参考。有以下三个方面值得注意：

（1）强化班组长的选拔和培养：班组长是班组建设的核心力量，他们的素质和能力直接影响到班组的建设效果。公司应重视班组长的选拔和培养工作，确保他们具备足够的领导力和专业能力。

（2）注重员工的人文关怀：公司在班组建设过程中不仅关注安全生产和工作效率，还注重员工的人文关怀和职业健康。通过建设职工之家、提供健康服务等措施，增强了员工的归属感和幸福感，为班组建设提供了有力的精神支撑。同时，公司应持续关注员工的需求和期望，积极采纳他们的建议和意见，共同推动公司的班组建设向更高水平发展。

（3）持续跟进与反馈调整：班组建设是一个持续的过程，需要定期跟进实施效果，并根据反馈进行及时调整。公司应建立长效的跟进机制，确保班组建设工作的持续推进。

# 第十章 企业安全文化知识建设案例

知识建设是安全文化建设中承上启下的中间层。承上就是要在理念的引领下学习掌握安全知识；启下就是要以安全知识为基础支撑安全行为实施到位。安全知识建设的目标是使企业全员对有形和无形的安全知识达到应知必知，应会必会。在企业安全文化建设的起步阶段，为了改变安全知识荒疏局面，应该从生命安全第一的高度出发，要求全员首先做到对企业重大安全风险知识的全面认识和掌握；在合格阶段，为了全面落实岗位安全职责，应该做到对岗位风险知识熟知熟会；在良好阶段，为了保障员工对安全规章制度在理解基础上的执行，应该做到对源头风险知识深知深会；在优秀阶段，应该达到对与本岗位、本部门关联知识多知多会；在卓越阶段，应该达到对瞬息万变的风险知识广知广会。

# 案例一　创新安全教育方法　强化VR安全体验

## ——保利长大工程有限公司第三分公司

保利长大工程有限公司第三分公司（以下简称长大三公司）是以高速公路施工为主营业务的大型国有企业，主要从事大型桥梁、隧道、路基、路面施工。多年来，公司致力于安全文化建设，于2016年获得广东省安全文化示范企业称号，于2017年获得全国安全文化示范企业称号。

## 一、提炼安全理念，提高安全意识

安全教育首先要做好安全理念教育。安全理念教育不仅体现在课堂、书本，更体现在全体员工的行动之中。

### 1.安全理念来自员工心中

在安全文化建设过程中，为了提炼出朗朗上口、寓意深远、体现企业施工特性的安全理念，公司下达安全理念征集文件，在公司范围内进行广泛征集，一经采纳，便对原创者进行奖励。这项活动共征集到安全理念初稿56条，经过上上下下多次反复筛选比对，最终选择具有企业特色的“长大之路、安全同步”作为公司的安全理念。

“长大之路、安全同步”安全理念的核心寓意在于“路”和“步”。长大三公司是集路面、桥梁、隧道和钢桥面铺装于一体的公路施工企业，公司从成立至今一直稳步行进在全力以赴保障安全生产的大路上。我们深刻地认识到为了搞好建设，必须确保安全，安全与发展必须有机融合，保持同步，既要为发展求安全，又要以安全促发展。安全管理工作与生产经营工作都要高度重视，不可乱了脚步。因此，公司从项目策划、实施到最后竣工，都坚决把安全工作渗透到各个生产环节，与施工生产同步平稳推进。

### 2. 安全理念在工程实践中强化

为了让“长大之路、安全同步”安全理念植根于每一个员工的心里，公司安监部门联合工会进行了全方位大力宣传，要求每个项目在会议室的背景墙上项目名称的下方打上公司安全理念，电子屏滚动播放宣传理念内涵。此外，项目部大楼入口处、隧道洞口、拌和楼、安全活动现场、工班驻地等，都是宣传安全理念的最佳场所，如图10–1所示。在每年全国安全生产月举行的安康杯安全知识竞赛现场，提问安全理念的内涵寓意是场内外互动的必备题。

图10–1　长大三公司安全理念宣传

“长大之路、安全同步”安全理念引领着员工持续提高安全意识，创新安全方法，学习安全知识，提高安全能力，规范安全行为，在推进安全生产中发挥了重要作用。

## 二、创新VR安全体验

为提高员工安全素养，公司不断创新培训教育理念，从2017年开始，陆续要求所有工人上岗前必须经过VR安全体验培训，考核合格后方可上岗等措施，一改以往培训枯燥单一做法。通过VR虚拟体验，让参加培训的作业人员通过视觉、听觉、触觉来体验施工现场危险的发生过程和后果，感受事故发生瞬间的惊险和痛苦感受，从而心生敬畏。目前公司在建项目和正在使用的VR安全体验馆有五个，共接受培训体验的员工达28000多人次。

1. 安全防护用品体验

体验的工人通过坠落时的失重感受来认知安全带正确佩戴的重要性，体验过后工人们纷纷表示:“好在有安全带，不然摔到地面后果不堪设想”。

2. 蛋椅路桥体验

蛋椅路桥体验能真实感受到违规作业对生命安全可能造成的严重后果，警示作业人员要严格按照安全操作规程作业，提高安全作业意识。

3. 安全用电体验

临时用电管理在工程施工过程中出现问题最多，私自接驳、随意铺设问题很普遍。通过过电流体验，让工人们能感受到电流通过人体时的真实感觉，产生对“电老虎”的畏惧心理，明白用电操作必须由持证电工来完成，从而杜绝违章用电。

4. 高处作业体验

逼真的三维场景让体验者们如身临其境，“就如站在几十米高的作业平台上‘摔下来’那一刻，真的吓死了！”架子工黄师傅在体验完高空坠落事故的场景后，仍然心有余悸。“安全真的不是小事，以后我要更加小心注意了”。

VR安全体验馆还有安全隐患排查、机械伤害体验、洞口失足体验、心肺复苏操作体验、灭火模拟体验、安全学习游戏机、视频警示、视频学习，等等，都可为作业人员提供一站式的培训服务。公司根据不同工种的安全需求，通过不断扩大VR安全体验受众面，开展滚动式、不间断的分批学习、轮训，着力解决作业人员安全意识薄弱、安全技能欠缺等老大难问题。

## 三、大力推进科技兴安、科技强安工作

作为高新企业，公司在大力提高员工知识水平和技术能力的基础上，注重技术研发，鼓励群众性技术创新工作，努力创建本质安全型企业。按照“适用、高

效、以人为本”的原则，技术服务于安全生产的理念，通过创新和技术改造，以提高设备自主安全性能、降低作业工人的作业过程风险为目标，研制出电子雷达自动刹车系统、环氧自动刷涂系统等设备，斥资购进一批先进设备，大大减少了作业工人的劳动强度，安全保障得到了质的提升。

1. 加强安全防护

在路面施工中，为解决压路机多次往返碾压作业中噪声大、视觉盲区多等安全隐患，公司与相关厂家共同合作研制出电子雷达自动刹车系统，加强了对现场作业人员的安全防护，降低了施工安全风险。

2. 加强科技创新

在钢桥面环氧树脂涂层施工中，为解决环氧树脂对人体刺激和腐蚀的难题，我们自主研发出全自动刷涂系统，将复杂的工序简单化，不仅大大减少了作业人员数量，还极大地降低了作业人员的劳动强度和伤害风险。

3. 提升智能化水平

为了降低隧道作业，特别是在不良地质隧道施工人员安全风险，公司购进全智能电脑隧道凿岩台车，大大减少了作业人员数量，体现出人员安全保障优势。

4. 加强本质安全

公司购置了具备隧道超前地质预报、抢险救援、止水注浆、泥石流段注浆固化、瓦斯释放等功能的C6XP D–E超前预报多功能钻机，为不良地质隧道进行地质超前钻探作业取得了可靠的地质信息，为安全作业提供了有效的数据支持。

长大三公司以“党建引领、安全凝聚”为核心依托，坚持以人为本的经营理念，以“长大之路、安全同步”安全理念为指导，以问题和目标为导向，以风险防控为主线，创新VR安全体验，以执行力塑造为抓手，推进“理念引领制度、制度规范行为、行为养成习惯、习惯形成文化”进程，从而激发公司安全管理内生新动力，凝聚安全发展向心力，真正做到“做一段路、影响一批人”“开心出门、平安回家”的公司发展愿景，让安全文化建设在公司范围内开出繁花、结出硕果。

（保利长大工程有限公司第三分公司　梁灿文　李　锋　陈智锋）

## 案例启示：为安全教育增添技术含量

安全教育是安全文化建设中的重要环节，但是有的企业对安全教育重视不够，流于形式化、表面化。保利长大工程有限公司第三分公司在开展安全文化建设过程中，针对员工安全教育方面存在的以下问题，总结提炼出了很好的经验，值得借鉴和学习。

（1）企业的安全理念教育如何能深入人心，并且有效地体现在企业员工的作业行为中，做到理念与行为的有机结合。

（2）如何弥补传统的安全知识能力培训教育满堂灌等陈旧方式的弊端，提高安全培训的效果。

（3）科技创新、技术改造如何更好地为安全生产工作服务。

针对上述难题，长大三公司提出了具有企业特色的解决方案：

（1）在加强安全理念教育中，遵循安全心理科学原理，通过可视化的电子屏、微视频等图形、影视方式，不断强化理念教育。在公司的会议室、项目部大楼入口处、隧道洞口、拌和楼、安全活动现场、工班驻地等宣传场所都能见到公司多种方式的安全理念宣传，潜移默化地在员工头脑中不断强化。为提高施工现场作业人员安全防范意识，预防生产安全事故的发生，公司在施工重点危险区域以太阳能作为能源基础进行安全文化宣传广播，将安全教育深入现场，起到时刻警示教育的作用。

（2）创新安全培训教育方式，丰富体验式培训内容。体验式培训方式可以使安全教育更具趣味性、生动性和效果性。长大三公司创新VR安全体验式培训，类似佩戴安全防护用品发挥的作用、违规作业/特种作业可能带来的严重后果等通过AR技术很直观地展示出来，在许多环节都能使培训对象在培训教育中受到很强的“实战”效应，提高广大员工遵章守纪和按标准作业的自觉性。

（3）注重科技兴安、强安工作，为员工施展安全科技创新提供机会。科学技术的广泛应用为企业的安全生产、安全管理和安全教育提供了更多的方法和工具。长大三公司研制了电子雷达自动刹车系统、环氧自动刷涂系统，购置全智能电脑隧道凿岩台车、C6XP D–E超前预报多功能钻机等设备，对于提高作业人员的安全防护、降低劳动强度和风险意义重大。

通过多年的安全文化建设工作，长大三公司连续获得省级、国家级安全文化示范企业称号，在学习该公司安全培训教育创新做法时，需要注意以下几点：

(1) 开发多种技术手段，加强安全理念教育，避免安全理念脱离生产实践。积极探索安全理念宣贯的载体和形式，让员工能够在生产过程中理解理念内涵、认同理念、践行理念。

(2) 体验式培训对于员工安全知识和能力的培养有积极作用，但在开展体验式培训过程中要注意培训内容与员工的培训需求相吻合，能够真正在作业过程中发挥作用。

(3) 科学技术的广泛应用确实能为企业生产、安全管理和安全教育带来积极作用，但一定要注意与员工知识水平和技术能力的匹配，这样才能发挥更大的作用。

# 案例二　小小安全文化手册　大大助力安全生产

## ——北京电力工程有限公司

北京电力工程有限公司作为国家电网公司北京市电力公司集团下属公司之一（以下简称工程公司），在发展过程中特别注重安全文化与企业文化相容并存、协调发展。在塑造企业文化的同时，遵循习近平总书记提出的安全生产重要论述指示精神，坚持“生命至上，安全发展”，全面贯彻“安全第一、预防为主、综合治理”的安全生产工作方针，着力营造人人关注安全、关爱生命的良好文化氛围，形成一条符合公司特色的安全文化建设之路。

### 一、让规程的条文成图入画

《电力安全规程》是电力工作者用生命和鲜血写成的工作总结，是电力安全生产的基石和保护伞，是电力生产和管理人员的安全意识和安全知识技能水平的体现，是电力企业安全保障的基础。为了使员工学懂学会《电力安全规程》，我们开展了大量的安全教育培训，由于传统的教育培训手段过于单一，而且总是简单强调这个“禁止”、那个“不准”，员工容易产生厌倦甚至排斥心理，导致教育不能真正入脑入心。怎样才能使看似枯燥的《电力安全规程》被电力一线员工熟练掌握呢？工程公司积极探索创新教育培训方式，决定鼓励各专业一线员工将以往习惯性违章梳理出来，整理入册，在整理的过程中再次加深对安全规章制度的印象。

编制安全文化手册的第一步，就是要确定其风格形式。为此，编制小组的同志们进行了一场“头脑风暴”，大家各抒己见提出了不少想法，最终选定了以“卡通漫画”的形式为主风格。“卡通漫画”有朝气，容易被年轻人接受，这也符合企业年轻人越来越多的趋势。同时，“卡通漫画”具有讽刺与幽默的艺术特点以及认识、教育和审美等社会功能特点，能很好地以夸张、比喻、象征等手法讽刺、批评或歌颂某些行为，具有很强的社会性。而手册内容则由观念、行为、制度、格言四个方面构成，从理论到实际、从制度到现场，多维度相结合地阐释了工程公司的安全文化。

历时一个多月，设计、编排出文字加漫画的连环画册版的安全文化手册就出炉了。安全文化手册形式如图10–2所示。安全文化手册是工程公司安全文化建设过程中的硕果，是对公司安全理念的提炼与凝结，更是工程公司“铁军”称号背后牢不可破的安全管理理念的外在表现。让员工们在工作之余翻一翻、看一看，休息时记一记，睡觉前想一想，营造出人人关心安全、事事关心安全、时时关心安全、处处关心安全的良好氛围。

图10–2　安全文化手册中安全防护警示漫画

## 二、让“口袋书”随身相伴

翻开一本不大的“连环画册”，就会发现它其实是工程公司的安全文化手册。一幅幅精心绘制的漫画映入眼帘，每一幅画都配有简洁通俗的文字说明，每幅画都是一个电力安全小知识。这本不到50页的连环画册，包括了6个安全理念、24个常见违章、42项安全制度、41条警示格言，涵盖了安全观念、常见违章行为、法规制度、警示格言等四大类内容。

寓理于画、寓教于乐的“漫画册”，使原本抽象枯燥的安全规章制度教育可感易记、引人入胜，深受一线员工喜爱。“一岗双责、三检、四不放过、五不施工、六项权利、七防一保……”这些顺口溜配合漫画让人印象深刻，提醒每名员工时刻要注意安全。经公司内部调查统计，这版“安全文化手册”成为最受员工欢迎的口袋书。

班组长角色在安全生产中具有相当重要的作用。古人云："兵随将转，无不可用之才。"班组长怎样才能带出高效率的员工队伍呢？根本点就在于通过有效手段全面提升员工的安全素质，充分调动起员工安全生产的积极性，使《电力安全规程》全面落在实处，这就需要基层的管理者积极开动脑筋，采用各种员工喜闻乐见的工作方法。我们有一位年轻的班组长由于经验不足，安排工作时常喜欢简单地用《电力安全规程》上的制度条文约束员工，员工对规章制度缺乏深刻的理解和形象的认识，时间久了就产生了不耐烦的情绪。这位班组长想到了这本安全文化图册，就有针对性地把手册拿出来，让员工们"看图猜违章"，了解设备操作违章及后果。看到安全文化手册帮助员工提起了关注违章原因、查找安全隐患的兴趣，班组长不失时机地鼓励员工们自己创作一些变违章为遵章的图画，使大家在工作中积极做到防风险、除隐患，有效预防和控制住了违章行为。在年底评选中，他的班组被评为公司"无违章班组"，很多班组也都注重通过安全文化手册进行遵章守规的教育。安全文化手册在基层班组安全建设和企业生产运行中发挥了积极的作用。

"生命至上，安全发展"，作为全体员工共同的安全愿景，充分体现了每个工程人的平安需求和幸福愿望。企业最重要的资源就是人力资源，人是生产过程中最活跃的要素，是安全生产的实践者，安全文化的核心是"人"。企业要搞好安全生产工作，必须坚持以人为本的科学发展观，树立安全万无一失的风险意识，努力构建以"生命至上，安全发展"为核心理念的安全文化，充分发挥安全文化的导向、约束、激励、凝聚和辐射功能，为公司安全生产提供强有力的文化支撑。

（北京电力工程有限公司　王浩宇）

## 案例启示：让安全文化手册成为安全护身宝

安全文化手册要让员工喜闻乐见，方便实用，才能更好地为安全服务。北京电力工程有限公司在开展安全文化建设过程中，特别注重安全文化与企业文化相容并存，在最初设计、编制"企业安全文化手册"时，为了使手册能真正为企业员工所用，可谓是绞尽脑汁，解决了诸多问题。

(1) 如何让枯燥的《电力安全规程》能够入心入脑、容易理解。

(2) 如何让员工能够在日常工作中便于、乐于阅读手册的相关内容。

(3) 如何让手册在企业安全管理工作中发挥更大的作用。

围绕上述问题，北京电力工程有限公司在编制“安全文化手册”的过程中，充分考虑到行业特点和员工阅读习惯，无论是在风格形式上还是在内容安排上都做到精心策划：

(1) 形式上手册内容呈现采用“卡通漫画”的样式，达到寓理于画、寓教于乐的效果。这样的“连环画册式”的安全文化手册，容易被企业员工所接受，“卡通漫画”具有讽刺与幽默的艺术特点以及认识、教育和审美等社会功能特点，能很好地以夸张、比喻、象征等手法讽刺、批评或歌颂某些行为，具有很强的社会性。手册幅面大小设计为“口袋书”的样式，图文并茂，便于携带阅读。

(2) 内容上手册由观念、行为、制度、格言四个方面构成，从理论到实际、从制度到现场，多维度相结合地阐释了北京电力工程有限公司的安全文化。特别是为了避免员工对《电力安全规程》的厌倦排斥，鼓励各专业一线员工将以往习惯性违章梳理出来，整理入册，将习惯性违章行为与《电力安全规程》的学习相结合。部分内容采用顺口溜配合漫画的形式，让人印象深刻。

(3) 使用上手册不仅最受员工欢迎，而且在基层班组安全建设和企业生产运行中发挥了积极作用。部分班组长想到在班组安全教育中将手册中的内容设计了“看图猜违章”的学习环节，让大家乐于参与到遵章守规的安全教育中。

“安全文化手册”除作为一项重要的建设成果展示外，更重要的是作为企业内部安全理念宣传、安全知识传播的重要载体，北京电力工程有限公司的员工在安全文化手册的策划、编写和使用过程中都让员工充分地参与其中，真正让手册成为员工安全生产过程中必备的“安全护身宝”。学习北京电力工程有限公司“安全文化手册”的同时，仍需注意以下几点：

(1)“安全文化手册”是企业安全文化建设过程中的成果，是对企业安全理念的提炼与凝结，是企业安全理念的外在表现。安全文化手册的编制要以对企业的调研和分析为基础，挖掘和提炼企业安全理念，并对企业存在的安全理念进行凝结和提升。

(2)“卡通漫画”的形式只是手册形式的一种，不能生搬硬套，应广泛征求员工意见，结合企业/行业特色和文化特色，选用各自企业员工乐于接受的、适宜的风格。为了便于阅读，页幅不宜过大，文字不宜过小。

(3) 注意手册的适用场景和使用频次。在编写安全文化手册时，内容设计要充分考虑在安全生产中的适用场景，尽可能增加手册的使用频次，而不是编完了束之高阁。

# 案例三　把全员培养成“安全人才”

## ——一汽丰田汽车（成都）有限公司

一汽丰田汽车（成都）有限公司自成立以来，以安全理念为中心，通过开展营造安全氛围的活动、各类贴近现场的宣传教育，实现我理解安全、主动并有能力参与安全，并通过标准化将安全融入生产、业务流程，形成“上下齐心、知行合一”的安全文化气候。2019年公司获得了全国安全文化建设示范企业称号。

为了达成工厂的“0灾害”，公司秉持“安全第一”的理念，要求在落实设备本质化安全的同时，把生产现场全员培养成“安全人才”，能够做到安全的作业、确实的作业、熟练的作业，把安全作为进入作业活动的入口，使作业活动以安全保障为前提。

### 一、什么是安全人才

安全人才指在安全意识和危险预知（KY）能力两个维度上都能达到高水平的人才。一汽丰田安全人才维度示意如图10–3所示。

### 二、怎样培养安全人才

#### 1. 安全意识的培养

安全意识的培养就是培养员工随时关注自己的作业，提高对安全的敬畏之心，随时思考风险并确保安全的行为。

为了提高安全意识，比较传统的方法是进行事故案例教育，但血淋淋的事故教育视频仿佛离员工很遥远；但是等员工自己发生了事故来受教育，损失是惨重的，所以我们导入了让人感觉惊吓甚至疼痛的安全体验培训场，围绕现场相关的作业、可能发生重大灾害的六个方面STOP6（夹伤卷入、重物、车辆、高空坠落、触电、火灾爆炸）及其他常见风险，让每一位员工亲身体验不遵守规则的后果，会感觉到疼痛，但不会受伤。

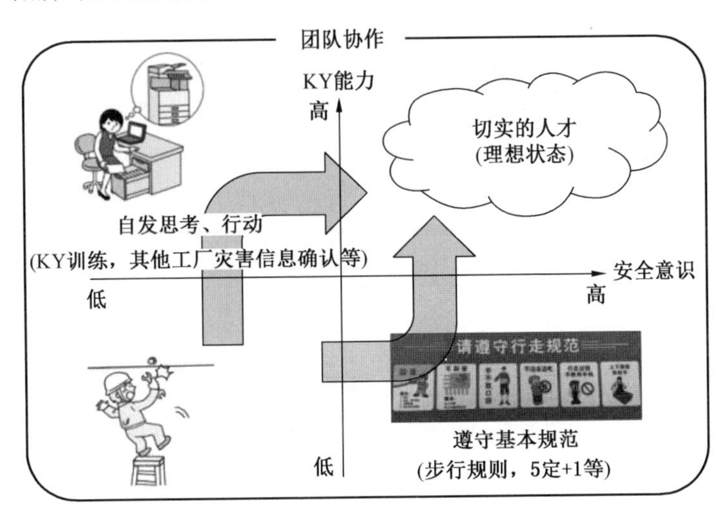


图10–3　一汽丰田安全人才维度示意图

开展“步行”安全规则遵守活动，持之以恒地养成关注安全风险和确认的习惯。首先做到“指差确认”。要求通过十字路口前要稍作停顿，伸出手指，向左确认没有来车、向右确认没有来车，安全通行。人的注意力是单行道，如果在十字路口打电话、聊天，很容易发生人车相撞的重大事故。据统计，认真的指差确认，事故率会降低80%，通过持续点检各部门遵守率干部带头遵守等活动，员工遵守率提高到99%（5年）。之后又逐步扩展到“步行六规则”，现在指差确认运用到很多危险作业中，如起吊、机动车辆作业等。通过十多年的努力，可以明显感受到员工安全意识的变化，员工在作业时也变得更加谨慎、专注，改善的意愿也大大提高。

同时，要求员工主动遵守现场的标准作业，将所有的作业逐项做成谁都能看懂的安全操作标准化指导书，指导书中明确每一步作业步骤、安全风险和规避的安全要点，并结合安全体感告知员工为什么要遵守标准化作业，如果不遵守，就会发生什么后果，即灾害，从而让员工在理解的基础上主动遵守。

2. KY能力的培养

KY能力是指有知识、有发现风险和有安全行动的能力（能采取安全的行动规避风险或主动改善风险降低风险等级)。

首先要培养员工具有自己业务相关的安全知识。我们整理了让全员成为与自己业务匹配的安全专业人才的安全培训体制，分门别类制作教材、实践技能培训教程，重点教材为“设备安全设计指导手册”“施工安全管理手册”“指名业务：即危险作业”“安全锁”等，通过知识实践的培训，让员工养成正确的行为习惯。其中危险作业（指名业务）公司内取证后由车间主任发证并直接监管。

KY能力提高的培养方式：公司每月停产30分钟，以组为单位，采取对图片、视频、现场实际作业观察等不同的形式持续进行全员危险预知训练，2016年导入了贴近现场作业的静态、动态安全技能提高训练新模式，“动静态训练”的核心是培养员工的“思考”与“行动”能力。

“静态训练”侧重于“危险预知能力”，即一眼能发现危险。基于曾经发生过事故的环境和典型隐患布置风险场所，例如设置一个焊接工位，故意将乙炔瓶上的回火防止器取下，焊机外壳不接地，在电源线上制造一点破损等，让员工结合相关的知识要点及隐患查找隐患，通过指导来提高水平。

“动态训练”侧重于“安全行为能力”，通过设置员工经常容易发生事故的作业，用实际操作感知风险，使知识、思考与实践操作相结合。训练步骤：让员工先分析作业中可能存在的风险，根据学习的安全要点，讨论安全的作业方法，老师确认后，对不足的地方进行安全要点的交流教育，重点为STOP6风险视点、为什么有危险、如果不这么做可能产生什么后果。学员理解后再按照整理的作业步骤作业，切实体会作业过程中存在的危险、回避和消除危险。

截止到2024年初，公司针对全员实施了各种场景的动静态训练，针对技能员实施了拿取工件、牵引车驾驶、机内异常处置、工具使用动态训练。针对技术员进行了刀具使用的动态训练。当然动静态训练也要强化安全知识的要点培训，边培训理论边实践。

现场变化点多时，很容易发生事故，60%~70%的事故是因为异常状态下员工私自行动造成的，所以公司规定一般员工在变化点前只能“停止、呼叫、等待”安全技能高的员工有资格进行异常对应。同时对解决问题的人才进行培养，鼓励全员参与安全改善提案并进行奖励，每年组织安全改善事例发表会。

通过多年的安全意识、安全知识和安全技能的培养，员工安全素养有了明显的提升，真正成为公司的“财富”，形成任何安全活动都能全员参与并取得最大效益的氛围。因此，公司取得了优异的安全管理绩效：每年安全改善提案件数达到3万余件，人均15件，通过员工的自主安全改善，每年节约设备安全改造费用约300万元；人员对安全规则的遵守率得到提高；每年自主改善降低高风险上百件；轻微伤以上事故发生件数降低了80%，从2016年开始没有发生STOP6重点风险轻微伤害事故。

（一汽丰田汽车（成都）有限公司　郑　锐　杜彦卿　张　翼　叶小平）

## 案例启示：全方位培养，系统化教育

“十年树木，百年树人”，培育安全人才是长久之计，企业在开展员工安全培训教育工作时，需要系统规划和持续投入。一汽丰田汽车（成都）有限公司全方位培养安全人才经验值得借鉴。该公司秉持“安全第一”的理念，要求在落实设备本质化安全的同时，把生产现场全员培养成“安全人才”作为安全文化建设的一个重要内容。围绕什么是“安全人才”、怎样培养“安全人才”两大难点展开了大量工作。

安全培训教育是企业安全管理的重要工作之一。有的企业虽然每年按部就班地开展着员工的安全培训教育，但是收效甚微，主要原因是对这项工作缺乏系统的思考，涉及以下问题：

（1）安全培训的目标是什么？安全培训规划的依据是什么？

（2）安全培训的对象应该在什么范围？

（3）安全培训的内容和时长如何设计？

（4）安全培训采用什么样的手段和方式？

（5）安全培训后的效果如何？如何考核？

要解决上述一系列问题，需要对企业员工的安全培训教育的目标定位、安全培养计划、实施方案、效果评价等各个环节做到位，确保企业员工安全培训教育全方位、系统化。一汽丰田汽车（成都）有限公司在安全人才培养方面积累了如下经验做法：

（1）在明确培养目标方面，公司确立了以安全意识和危险预知（KY）能力作为“安全人才”定位的两个关键维度。根据维度的高低分布，可以将企业员工分成不同类别，使得后续的培养更有针对性。

（2）在安全意识培养方面，公司在现场相关的作业、可能发生重大灾害的6个方面STOP6（夹伤卷入、重物、车辆、高空坠落、触电、火灾爆炸）及其他常见风险导入了让人感觉惊吓甚至疼痛的安全体验培训场；从“指差确认”逐步扩展到“步行六规则”；将所有的作业逐项做成谁都能看懂的安全操作标准化指导书等。

（3）在危险预知（KY）能力培养方面，在员工业务安全知识培养的基础上，公司导入了贴近现场作业的静态、动态安全技能提高练新模式，使得员工的危险预知能力和安全行为能力方面得到了有效提升。

多年来，一汽丰田汽车（成都）有限公司在安全人才培养方面的成效明显反映在公司每年安全管理的KPI方面的持续改善上，确实取得了很好的效果，给其他企业的安全培训教育带来了很好的示范启示，同时在安全人才培养方面仍需注意：

（1）在制定培养方案时，基于安全人才模型，要针对不同类别的员工设计不同的培养方案，系统规划，才能真正实现全员安全人才的培养。

（2）安全人才的培养是一个长期动态的过程，员工的安全知识和能力需要逐步积累，要定期对安全培训的效果进行评价，持续改进。

（3）企业应积极营造自主学习的氛围，打造学习型组织，鼓励员工相互分享交流安全经验。

# 案例四 营造安全文化氛围，强化环境育人功能

## ——中国能建葛洲坝易普力股份有限公司

中国能建葛洲坝易普力股份有限公司（以下简称易普力公司）于1993年随三峡水利枢纽工程上马成立，是国务院国资委直属企业、世界500强——中国能源建设集团有限公司的成员企业，是工业和信息化部重点扶持的民爆龙头企业之一。易普力公司拥有营业性爆破作业单位、矿山工程施工总承包“双一级”资质，建立了集民爆科研、生产、销售、爆破服务及绿色矿山建设、矿山开采施工总承包于一体的完整产业链，具有点多面广、安全风险较高、安全管理难度大的特点。

### 一、建设背景

易普力公司基于安全风险管理的基本理论，结合易普力公司民爆产品的高风险性和生产、服务的高危险性等实际情况，将理论与实践相结合，创造了一套新的安全管理思想和管理模式。易普力模式是由四层次安全文化和四配套支持系统构成的，包括安全理念文化、安全制度文化、安全行为文化、安全环境文化和员工塑培系统、安全监控系统、信息传播系统、考核改进系统。公司于2017年获评“全国安全文化建设示范企业”称号，于2021年顺利通过全国安全文化建设示范企业复审。

安全环境文化是安全文化的外在体现，直接影响员工安全知识的充实和安全行为习惯的养成。易普力安全环境文化建设主要包括生产现场安全可视化管理和安全文化氛围的营造、宣传等。

## 二、环境文化建设实践

### 1. 打造安全硬环境，工作繁化简

打造安全硬环境即开展安全可视化管理，利用形象直观而又色彩适宜的各种视觉感知信息，规范或指引员工的行为，告知工作中的风险或有害因素等，达到提高现场安全性的效果。安全可视化管理以视觉信号为基本手段，以公开化为基本原则，进行科学的安全管理，体现了管理的主动性、前瞻性、直观性。

易普力公司于2016年编制发布了第一版“安全可视化管理标准图集”，并于2020年进行了更新。安全可视化管理标准图集明确了颜色线条、标识牌、人员、区域通道、安全防护与警示、仪表管道、工器具、车辆可视化的规范化设置标准，如图10–4所示的厂容厂貌。为了进一步规范现场安全标识牌管理，2021年10月易普力公司又组织编制了“安全标识牌标准化图集”，进一步明确了9大类别、52处位置标识牌设置标准。

图10–4　厂容厂貌

在推行可视化管理建设过程中，我们发现可视化管理不仅能够起到安全警示、预防、纠偏等作用，还可以在一定程度上解决安全管理的难题。我们将可视化管理的内涵和功效进一步拓展，充分发掘，逐步延伸，在岗位设置可视化安全操作规程、安全行为对照图和“两单两卡”顺口溜，促使员工加深了对岗位职责、岗位风险、操作要点、应急处置的理解和掌握，培养安全兴趣，树立安全自信，确保员工“知风险、明职责、会操作、能应急”，员工安全行为习惯逐步养成。

### 2. 打造安全软环境，塑心谋久安

打造安全软环境是通过开展一些形式新颖、寓教于乐、职工参与面广的安全

文化活动，营造浓厚的安全文化氛围，不断进行引导、教育、宣传，唤醒员工对安全的渴望，从根本上提高安全觉悟和安全文化水平，牢固树立“安全第一”的思想。

易普力公司设计制作了系列安全文化挂图，内容包含公司安全理念、安全管理禁令、员工安全行为基本准则、安全工作法等，在公司及各单位办公区域、人员聚集场所、通道、走廊两侧、橱窗等处悬挂或展示，全方位宣传公司安全文化。

易普力公司在每个所属单位设置安全文化长廊，宣传公司安全文化体系，动员公司员工及分包作业单位参与安全文化作品征集评比活动，定期将征集作品展示在安全文化长廊，每季度对获奖作品给予物质奖励和通报表扬，充分调动员工参与活动的积极性。

易普力公司为每个班组配备班组活动室，在班组园地展示班组目标、班组理念、班组口号，以及班组员工承诺、班组风采、全家福、班组绩效、班组之星等内容；以班组为单元开设班组安全微讲堂，组织员工开展“头脑风暴”“现身说法”和“安全小故事”活动，让员工谈违章过程，谈受到伤害后的亲身经历，谈事故给自己和家庭带来的损失和伤害；组织员工分享工作过程中的经验做法、感人事例和安全心得，坚持“反面警示、正向引导”相结合，让员工认识到安全对家庭、对企业的重要意义，使全员受到教育和警示。

此外，易普力公司还积极组织开展安全知识竞赛、技术比武、劳动竞赛、专题讲座、提合理化建议等活动，不断拓展活动形式，努力让员工从视觉、听觉、触觉等感官全方位、多角度地体验领会安全文化，真正达到“内化于心、外显于行”的境界。

## 三、主要成效

### 1. 优良环境增动力

公司努力打造良好安全的工作环境，通过环境的变化调适人的心理，疏导人的情绪，进而影响人的安全行为。公司良好的安全环境为员工的操作、观察带来便利，提高人机信息交流效率与操作协调性，极大限度地减少工作中产生的不适感和疲劳感，提高员工的操作准确度；同时，良好的工作环境使员工感觉自身浸润在安全环境中，能调节员工心理，激发员工有利情绪，避免心烦、急躁等不良情绪，提高工作效率，减少事故发生。

2. 深耕细作促培养

良好的安全工作环境体现了公司对安全的重视程度，易普力公司员工根据公司的安全工作硬环境及安全氛围形成自己的判断，进而形成员工对待安全的态度和行为。员工感受到公司对安全的重视后，对公司关注其身心健康充满感激，进而产生回馈心理，自觉遵守作业规章制度和行为准则，积极报告风险隐患，为改变不安全的工作条件提出意见建议等。

3. 鲜明导向督改造

良好的安全环境还具有一定的感化效应，各级领导干部和管理人员以自己的模范行动影响和带动其他员工，增强说服力和感召力，向后进员工辐射，改变个别员工的不安全习惯，使员工逐步认同公认的安全行为。另外易普力公司先进员工的回馈心理会促使其以安全行为来回报企业，如积极参与轮值安全员活动，帮助、改造其他同事。通过自律与他律、内在约束与外在约束有机结合，不断提高公司的整体安全水平。

（中国能建葛洲坝易普力股份有限公司　万红彬　罗非非　卢　影）

## 案例启示：安全环境促进安全能力的提升

可视化安全环境管理不仅能够起到安全警示、预防、纠偏等作用，更能够通过形象化的教育，促使员工提高安全意识，理解和掌握安全知识和技能。易普力股份有限公司作为民营爆破作业企业，存在安全风险高、安全管理难度大的特点，在开展安全文化建设的过程中，针对安全环境文化建设，如何营造良好的文化氛围突破了两个难点：

（1）如何通过外部环境的打造起到规范员工安全行为、提高员工安全意识并最终提高现场安全性的效果，以弥补日常安全管理中存在的难题。

（2）如何通过安全文化氛围的营造达到员工安全意识、安全知识和安全能力水平的提升，真正实现员工的安全理念“内化于心，外化于行”。

安全环境文化是安全文化的外在体现，直接影响员工安全知识的充实和安全行为习惯的养成。现场目视化管理、5S管理、LOTO挂牌上锁标识等都是现在大多数企业在安全生产现场环境建设方面经常采用方式。易普力公司在开展安全环境文化建设时，不仅关注安全“硬环境”，也关注安全“软环境”，形成一系列的经验做法：

（1）安全硬环境的打造主要从生产现场安全可视化管理入手。易普力公司通过编制“安全可视化管理标准图集”设置了可视化的标准，生产现场做到标志标识整齐规范，对现场员工能够起到安全警示、预防、纠偏等作用；公司还在作业岗位设置可视化安全操作规程、安全行为对照图和“两单两卡”顺口溜，促使员工加深了对岗位职责、岗位风险、操作要点、应急处置的理解和掌握，培养安全兴趣并结合现场安全操作的顺口溜，让员工易于掌握和操作。

（2）安全软环境的打造主要借助安全文化氛围营造、宣传的各种载体。通过设计制作系列安全文化挂图、安全文化长廊、班组活动室、班组园地等载体，让员工从视觉、听觉、触觉等感官全方位、多角度地体验领会安全文化。公司还积极组织开展安全知识竞赛、技术比武、劳动竞赛、专题讲座、提合理化建议等活动，不断拓展活动形式。

经过不断探索，易普力公司的安全文化建设创造出一套由四层次安全文化和四套支持系统构成的新模式，也在公司内部营造了良好的安全文化氛围。优良环境对员工心理和行为规范方面产生积极的正向作用，在借鉴其经验的同时仍需要注意：

（1）安全环境的打造往往需要企业投入大量的物力和财力，在安全文化建设过程中，一定要对安全环境建设的必要性和可行性进行认真分析，所有的内容和形式要为安全生产服务，最终落脚点是要让员工的安全素养和安全能力得到提升，养成良好的行为习惯，上升到文化养成。

（2）各种安全环境改善的手段和方法都是安全文化建设的重要载体，其目的都是为了提高员工的安全意识，规范员工的安全行为，各种载体所反映的内容一定要与安全生产密切相关，失去内容，环境建设则只是表面功夫，失去了安全文化建设的意义。

# 第十一章 企业安全文化行为建设案例

企业安全文化行为建设水平如何，是安全文化建设能否落到实处的有形检验。安全文化行为建设的要求是企业全员在防风险、除隐患、遏事故、能应急的各个方面都能够应对自如，得心应手。为了做到这一点，企业需要在先进理念建设和扎实知识建设的基础上，循序渐进地加强对安全行为管理。在起步阶段，要落实在规则的强制约束下，使习惯性违章得到有效控制，保证安全行为的被动执行；在合格阶段，要逐渐从被动提升到主动，做到严格履责；在良好阶段，要发动全员积极参与到安全生产中，做到群策群力；在优秀阶段，要推进企业从内到外通力合作，做到齐心协力；在卓越阶段，要在安全风险不断演化中持续改进，自强不息。

# 案例一　强化安全参与意识<br>发挥“金点子”群策群力作用

## ——蒙牛乳业（马鞍山）有限公司

蒙牛乳业（马鞍山）有限公司始建于2004年10月，截止到2023年已完成五期项目建设，蒙牛乳业（马鞍山）有限公司为内蒙古蒙牛乳业（集团）股份有限公司驻外最大的子公司，生产品项包含冰激凌、低温酸奶、常温奶、鲜奶四大品类，“纯甄”“每日鲜语”“冠益乳”及“随便”等蒙牛旗下知名品牌。

蒙牛乳业（马鞍山）有限公司自成立以来一直把安全生产作为企业的生命线，时刻坚守“生命至高无上、安全责任如天”安全理念，把安全文化建设作为加强企业安全生产工作的重要抓手，强化全员安全参与意识，提升全员安全素质，培养安全生产技能，积极营造群策群力安全文化氛围。将安全理念渗透到意识里、落实到行动上、融合到管理中，从而实现从“要我安全”到“我要安全”的本质转变，通过安全文化落地和管理体系推动实现连续11年无生产安全事故，并在2013年获得国家安全一级企业，2018年荣获全国安全文化示范单位称号，连续5年获得安全生产先进单位荣誉。

### 一、以人为本，全员参与，建设安全创新文化

作业者人人遵章守纪是实现安全和效益的决定性因素。因为一个人的违章导致发生生产安全事故，造成整体的经济损失和人员的伤亡，这样的事情屡见不鲜。因此，安全工作不是靠几个管理者就可以做好的，每个人都要认识到安全的重要性，身体力行地参与安全管理，共同营造安全文化氛围，才能实现安全有序生产。这也符合我们的安全口号：“人人都是安全员，个个紧绷安全弦”。经过全

员的努力，将不安全行为消灭在萌芽之中，许多生产安全事故就不会发生，因此，在安全理念建设中强化全员参与意识是非常有必要的。

安全文化是企业全体员工对安全工作集体形成的一种共识，是实现安全长治久安的强有力支撑。通过制定安全文化建设的对策措施，充分发挥“人的因素”在安全生产中的决定性作用，把安全生产内化为每一名员工的价值理念，实现安全管理由传统安全管理、本质安全管理到安全文化管理的质的飞跃。策划部署“金点子”项目，建立安全“金点子”群就是“以人为本”的一种管理模式。“金点子”项目通过奖励的形式让员工自发地关注安全问题、思考改善对策，增强他们的积极性、主动性和创造性，提升归属感、使命感和向心力。

## 二、以章为引，各抒己见，推动“金点子”执行落地

首先，公司成立以安全环保处主管为负责人的“金点子”领导小组，以班组为单位收集安全合理化建议。同时，依据公司相应制度编制“‘金点子’评比方案”，采用积分统计的机制，对优秀班长和个人进行正激励，积分也可以兑换奖品。对发现日常检查未关注的问题和重大隐患的员工、提出宝贵改善建议的班组给予特殊奖励，促进共性问题、优秀改善案例的应用和推广。

其次，工厂总经理定期组织召开评审会，对“金点子”活动开展做部署安排，要求工厂各部门负责人相互协助，共同推动安全文化建设落地。部门兼职安全员和班组长通过班前会、内部警示会议等多种形式对活动进行宣贯，同时，以风险分级管控和隐患排查治理为抓手对员工进行培训，提升员工发现问题、解决问题的能力。

最后，员工结合岗位操作要求和日常经验，对发现的“金点子”在群内展示，分享优秀案例。从身边岗位的细节入手，由浅入深地排查和解决日常的安全隐患，举一反三真刀真枪的实战，营造良好的班组安全文化氛围，弹好安全在我心中的“净心曲”，展示团队幸福感。

## 三、以果为据，奖评有度，共享安全建设成果

公司自开展“金点子”活动以来，效果卓著，成绩斐然。公司按照承诺对积极参与“金点子”活动的员工给予了奖励。由于奖励机制透明合理，问题排查切合生产一线，因此员工态度积极、参与度高，仅2023年6月公司就提报安全隐患

和优秀案例30余条。其中也涌现部分高质量改善案例，例如侧封机安全防护升级连锁改善案例，通过加装对射电眼和电机继电器，可以从本质上解决员工被利乐封箱机夹手的风险问题。侧封机改善后操作简单，达成效果好，后期可在全国推广，对全集团安全生产都具有重要意义。

"安全分秒陪伴，幸福时刻相随"。蒙牛乳业（马鞍山）有限公司坚持把安全文化建设贯穿于生产发展的各环节，不断完善安全管理制度体系，利用数字化、网格化、可视化创新传播途径，以文化促管理、以管理促安全、以安全保发展。在互联网高速发展的当下，强化全员安全参与意识，以"金点子"群、安全事故模拟屋等多种创新方式进行多元化安全培训，不断提升安全管理能力。此外，公司始终保持"归零"心态，巩固创建成果，规范员工安全行为，提高全员安全综合素质，不断深化丰富安全文化内涵，推进安全文化与安全标准化、信息化、网格化"四化"融合，更好统筹发展和安全，努力实现高质量发展和高水平安全良性互动。

（蒙牛乳业（马鞍山）有限公司安全环保处）

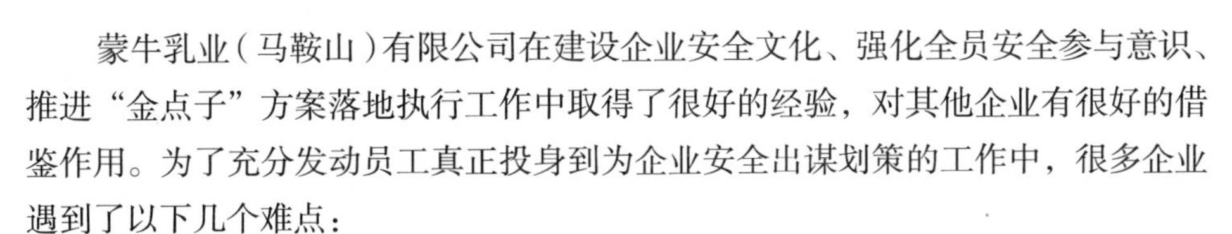

## 案例启示：众人拾柴火焰高

蒙牛乳业（马鞍山）有限公司在建设企业安全文化、强化全员安全参与意识、推进"金点子"方案落地执行工作中取得了很好的经验，对其他企业有很好的借鉴作用。为了充分发动员工真正投身到为企业安全出谋划策的工作中，很多企业遇到了以下几个难点：

（1）全员参与：安全生产不是管理者的口号，需要全体员工的共同参与。如何让全体员工认识到安全生产的重要性，主动参与安全管理，共同营造安全文化氛围，是安全理念建设过程中的首要问题。

（2）安全文化发挥实质作用：安全文化是企业全体员工安全意识的体现，是实现企业安全管理的重要保障。如何将企业的安全文化深入每个员工的价值理念中，从员工被动地服从安全管理制度，转变为自觉主动地按照安全要求执行，是安全文化建设过程中的重要问题。

（3）"金点子"方案落实：在推出"金点子"活动之后，怎样能让它真正发挥群策群力的作用，领导干部如何推动方案的执行落地，基层员工如何积极主动地参与到活动中，这是"金点子"方案执行过程中需要解决的问题。

针对上述难题，蒙牛乳业（马鞍山）有限公司提出了具有企业特色的解决方案：

（1）强化全员参与意识，提升全员安全素质，培养安全生产技能。采用“金点子”群、生产安全事故模拟屋等多种创新方式，对员工进行多元化安全培训，强化全员安全意识，规范员工安全行为。“人人都是安全员，个个紧绷安全弦。”众人拾柴火焰高，通过企业上下所有员工的共同努力，营造安全生产氛围，将不安全行为扼杀在摇篮里，实现企业各个环节的安全有序生产。

（2）蒙牛乳业（马鞍山）有限公司把安全文化建设作为加强企业安全生产工作的重要抓手，将安全文化建设贯穿于生产发展的各环节，充分发挥“人的因素”在安全生产中的作用，将安全理念渗透到意识里、落实到行动上、融合到管理中。企业推行“金点子”活动，通过奖励的方式让员工自发地关注生产中的安全问题，积极改正不安全行为，提升全体员工的安全意识，营造群策群力的安全文化氛围。

（3）在“金点子”活动提出后，公司成立“金点子”领导小组，以班组为单位收集安全合理化建议，采取透明合理的正向激励政策，对提出“金点子”的员工给予奖励。公司总经理定期召开评审会，对“金点子”活动进行部署安排。各部门相互协作，通过多种形式对活动进行宣传。同时，员工将发现的“金点子”在群内展示，分享优秀案例，从生产一线细节入手，排查身边的安全隐患，提升安全意识。

在学习蒙牛乳业（马鞍山）有限公司这种以文化促管理、以管理促安全、以安全保发展的安全文化理念时，有一些问题需要注意：

（1）在强化全员安全参与意识的同时，还需要定期对员工进行安全素质的培训，提升员工的安全素养和技能，加强企业安全管理水平。

（2）企业的安全文化建设是一个需要长期坚持的过程，随着机器的升级和技术的更新，对企业的安全管理也提出了更高的要求，安全文化建设需要与时俱进，紧跟时代发展脚步。

（3）公司开展“金点子”活动以后，成效显著。大量的安全隐患被发现和改善后，需要对这些“金点子”在实际生产过程中的运用进行专项监督，改掉生产“坏习惯”，完善安全生产制度。

# 案例二　创建安全文化氛围，推进全生命周期安全管理

## ——北京北方华创微电子装备有限公司

## 一、企业安全文化建设介绍

北京北方华创微电子装备有限公司（以下简称北方华创微电子公司）在企业安全文化创建过程中不断优化创新，积极进取。2016年公司内部最初实施安全风险评估管理；2019年不断创新，推行班组安全建设，安全文化工作稳步推进发展。2020年不断发展，深化安全管理体系建设，加强安全文化氛围创建，稳扎稳打，2022年顺利通过“国家级安全文化建设示范企业”。

北方华创微电子公司作为半导体装备研发及生产的技术型企业，所开发的刻蚀设备、化学气相沉积设备、物理气相沉积设备等产品已广泛应用于集成电路、半导体照明、功率半导体、先进封装、光通信及化合物半导体等领域。北方华创微电子作为技术型企业，在面对半导体行业各类新型安全风险时，如何有效预防风险，加强风险管控，成为公司一直思考的课题。北方华创微电子通过不断思索，增强进取意识，不断创新，逐步形成产品全生命周期安全管理（Product Lifecycle Safety Management，PLSM）理念并不断深化推行实施。

## 二、产品全生命周期安全管理理念

如何做好北方华创微电子的安全管理工作，有效识别及管控风险，确保风险不遗漏。公司不断进取创新，摸索出围绕以产品为中心，搭建公司产品全生命周

期安全管理模型；围绕以产品为出发点，从产品最初研发、设计阶段就开始控制人、机、环境等要素，从产品测试、工艺调试、生产等不同的环节所需要的水、电、气、化学品等动力条件出发，对动力供应的设备、设施等从根源上辨识风险，并消除或减少生产过程中的危险，防范生产安全事故，规避安全风险。产品全生命周期安全管理流程如图 11-1 所示。

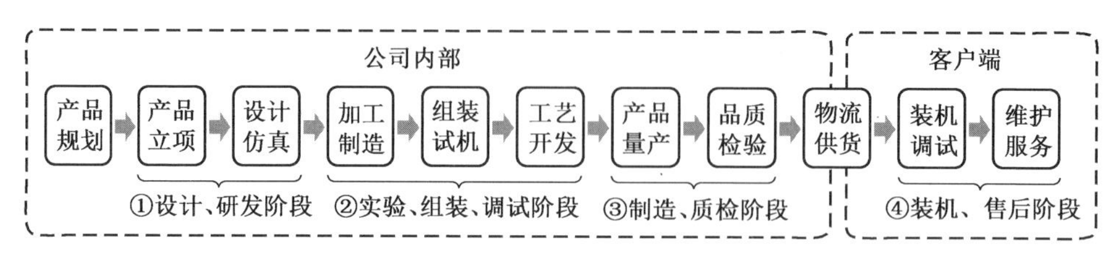


图 11-1　产品全生产周期安全管理流程示意图

产品全生命周期安全管理涉及的人员多、周期长、难度大，因此需要调动全员的力量投身其中，创建浓厚的安全文化氛围，才能对产品全生命周期中各环节的安全风险进行全面管控。安全文化建设能覆盖方方面面、时时刻刻，安全文化成为调动员工积极参与产品安全管理、推动产品全生命周期安全管理的有力力量。

1. 产品设计及验证本质安全管理

产品的设计安全决定产品本身的安全性，为了给客户交付安全可靠的产品，公司研发人员的安全理念、思想不断提升，在公司安全文化建设的推动过程中，研发人员积极主动，从满足功能的基本需要设计到满足产品本质安全设计，不断突破难关。公司借助强大的研发核心力量，从根源上实现技术系统本质安全，达成“物本”安全。

在产品设计、研发阶段，借助于国际半导体产业协会（Semiconductor Equipment and Materials International, SEMI）标准中安全相关的各项要求，从设计上强调“失误-安全”与“故障-安全”功能的实现，严格遵循“失效导向安全”的基本原则，确保设备安全。公司对所有产品的电气设计、机械设计、工艺设计进行安全评审，确保设备满足预期的安全要求。

在产品实验、组装、调试验证阶段，对产品的所有设备系统形成设备重点管理区域，组织专业人员对设备风险进行识别、评估，从本质安全的角度，采取消除、取代、设置连锁或防护屏障、合理利用警告警示信息，通过管理方法给予时间防护、个体防护的多种方式，实现本质安全风险控制。

在产品制造、质检阶段，为了保障制造过程安全，分解产品设计方案，适应性地开发产品制造步骤，对每个步骤的安全要求进行制度明确。

### 2. 产品能源供应改造本质安全管理

半导体装备产品的能源供应作为安全管控的重点和难点，涉及的现场风险点多且杂。在产品实验、组装、调试阶段，公司通过安全评估、现场安全改造监督、安全验收等方式，持续关注“五新”产生的风险，对产品能源供应改造的全过程安全风险进行本质管控。

### 3. 产品运行环境本质安全管控

公司紧跟行业发展步伐，推动产业建设，全面优化作业环境，强化时间、空间、理化环境管理和抗灾防灾应对能力，实现“环本”安全。

优化生产空间的建设，结合生产作业过程与作业特点，不断调整作业空间的布置和各种安全卫生设施，确保空间环境的本质安全；按计划和要求完成设备的定期评价与使用条件维护更新，优化作业人员工作调度与安排，实现时间环境的本质安全；以国家标准为依据，对采光、通风、温湿度、噪声、粉尘及有毒有害物质采取有效的控制措施，并定期完成检测，给予有效控制，保护员工的健康和安全，实现物理化学环境的本质安全。

### 4. 产品装机服务本质安全管理

在装机阶段，对客户的不同产品需求，通过安全评估、现场监工等方式，推动完善安全操作规程，关注作业过程变更风险，完善现场安全作业标准。在售后阶段，对机台设备的安装、调试、运行等全流程进行安全管理，确保交付给客户的机台设备是安全可靠的。

## 三、结语

北方华创微电子不断增强进取意识，不断深化安全文化建设。在安全文化的建设过程中，不断调动全员参与安全工作的积极性与主动性。产品全生命周期的安全管理工作，需要全员的参与，包括产品设计、零部件采购、能源供应、产品现场环境、售后服务等。目前，在公司安全文化建设不断深化的推动下，产品全生命周期安全管理的理念已初步成形并落地。公司紧紧围绕“产品”，全面辨识风险管控重点，通过本质安全设计控制源头风险，提升产品的本质安全，通过现场精细化管控，在责任落实与强化考核方面控制过程风险，确保设计、研发、测试、生产等各环节的风险得以控制，深化了产品全生命周期的本质安全管理理念。

（北京北方华创微电子装备有限公司　王　仲）

## 案例启示：慎终如始，持之以恒

企业不仅要关注每一具体生产环节的安全，更要始终关注产品全生命周期的安全，而要做到将安全管理贯穿于产品的整个生命周期，确保每个环节的安全，必须充分发动全体员工全身心参与到安全生产全部流程之中。要做到这一点难度非常大，北方华创微电子公司遇到了类似问题。

北方华创微电子在进行安全管理的过程中遇到的难点主要有以下几个方面：

（1）树立产品全生命周期安全管理理念：产品生产的生命周期较长，涉及设计、研发、生产、运营、维护等多个环节。如何确保每个环节的安全管理都能得到有效执行，并形成统一、连贯的管理体系，是一项极具挑战的任务。

（2）安全文化建设和员工参与：安全文化建设和员工积极参与是相辅相成的。如何激发员工的积极性，使他们主动参与到安全管理工作中，同时形成全员重视安全的文化氛围，是一个需要长期投入和耐心的工作。

（3）安全风险识别与评估：高科技产业涉及众多复杂工艺和精密设备，每个环节都存在潜在的安全风险。如何全面、准确地识别这些风险，并对其进行科学评估，是安全管理的首要难题。

（4）技术更新与安全管理：随着技术的不断更新，新的安全风险也会随之出现。如何及时跟踪新技术的发展，预测其可能带来的安全问题，并提前制定应对策略，是技术型企业安全管理面临的永恒挑战。

（5）外部环境与政策变化：高科技产业受到政策、法规、标准等外部因素的影响较大。如何及时掌握这些变化，调整安全管理策略，确保企业始终符合相关法规和标准的要求，也是安全管理中不可忽视的难点。

面对上述难点，北方华创微电子公司在建设安全文化的过程中展示了自己的特点。公司注重调动全员的参与，不仅是管理层，每一位员工都参与到安全文化建设中，形成浓厚的安全文化氛围。除此之外，公司注重预防为主、持续改进。

公司强调风险的预防和预控，通过风险评估和辨识，提前预测和解决潜在的安全问题，确保生产过程中的安全。不断优化生产环境，调整作业空间的布置，更新设备使用条件，持续改进安全管理流程和措施。

北方华创微电子公司通过安全文化建设，激励全员创建全生命周期安全管理的经验，从中人们体会到，要做到慎终如始，持之以恒，需要注意以下问题：

首先，持续的风险评估与更新是关键。随着技术、环境和市场的变化，新的风险可能会不断涌现。因此，定期重新评估风险，并更新安全管理策略，是确保长期安全的重要步骤。

其次，员工培训和意识提升不容忽视。即使有了完善的安全制度，员工没有充分理解和执行，仍然可能出现生产安全事故。因此，定期的安全培训和意识提升活动是必要的。

再次，跨部门沟通与协作也很重要。安全管理不是某个部门的独立任务，而是需要各部门共同参与和协作的。建立有效的沟通机制，确保信息及时、准确地传递，是防止出现生产安全事故的关键。

最后，法规遵从与标准更新也是需要注意的问题。随着法规和标准的不断更新，企业需要及时了解并遵守这些新要求，确保自身的安全管理实践与外部要求保持一致。

# 案例三 “和谐双赢，携手共赢”，创新应急救援互助机制

## ——国家电投集团内蒙古公司通辽发电总厂有限责任公司

国家电投集团内蒙古公司通辽发电总厂有限责任公司在全面构建“和谐共赢”企业安全文化体系基础上，将“安全是管理、安全是责任、安全是技术、安全是文化”的理念贯彻到安全生产实践中，于2018年获得“全国安全文化示范企业”称号。安全文化建设有效推进了企业的安全发展，并辐射到了公司四期扩建工程，即通辽电投发电有限责任公司筹建活动中，安全文化建设发挥了重要作用。

### 一、明确文化理念，营造双赢氛围

通辽发电总厂有限责任公司（以下简称通辽总厂）隶属于国家电投集团内蒙古公司能源有限公司，始建于1978年，总装机容量140万千瓦。公司先后荣获全国文明单位、全国企业文化建设先进单位、全国“五一劳动奖状”、全国践行社会主义核心价值观和企业文化典范单位、全国电力行业企业文化成果特别奖等多个奖项。

在多年的安全生产实践中，通辽总厂深刻认识到，企业从领导到员工，从生产岗位到管理岗位，从主业到副业，从厂方到分包各类工程建设项目的相关方都处于同一个息息相关的安全生态圈，必须依靠全员齐心协力，形成一个相互协作、相互支持的团队，才能保证安全生产长治久安。公司经过深入挖掘、提炼，构建了“和谐共赢”安全文化体系，提出了“共赢发展与未来”的安全文化理念，强调赢在安全、赢在行为、赢在廉洁、赢在管理、赢在和谐，赢在携手同行。以“和谐双赢，携手共赢”为价值取向，以“赢得发展，赢得未来”为发展之道。

在“共赢发展与未来”安全文化理念的引领下，通辽总厂强调在企业安全生

产中的方方面面都要营造和谐共赢的安全文化氛围，全力建设好和谐安全企业、和谐安全团队、和谐安全家庭。

为了建设好和谐安全企业，首先明确了企业是由所有利益相关者有机组成的安全生产生态圈，生态圈中的所有成员组成的是一个休戚与共的安全生产大家庭。各成员要密切相连，相互作用，相互促进。企业要尊重生态圈中每一名成员，要和谐相处，共享安全价值、经济价值、品牌价值、利润价值等全部社会价值，共求企业安全发展。

为了建设好和谐安全团队，首先明确了无论企业中从事什么业务工作的部门，都应该分别是安全生产工作中密不可分的链条，都要组建成携手共进的安全团队。团队中的所有成员都要以团队集体的安全利益为核心，要用个人的出色表现为安全生产出谋划策、尽心献力，立足岗位创佳绩，心系集体做奉献。

为了建设好和谐安全家庭，首先明确了家庭是企业安全生产的大后方，家和万事兴，只有企业员工的每一个家庭和谐幸福，才能保证员工在安全生产工作中没有后顾之忧，才能使员工获得更充足、更踏实的幸福感。幸福感又反过来促使员工对身边的幸福感倍加珍惜，更加关注安全。家庭和睦幸福，是安全生产的有力保障。

通辽总厂把“和谐双赢”企业安全文化理念贯彻到了创建机组A级检修安全标准化达标工作过程中。通过充分发动群众，全员参与，集思广益，从平面布置到3D效果呈现再到生产现场的立体实施，做好整体策划，区域划分和局部细节提升，将标准化工作的实施具体落实到每个参修班组，每个参修班组细致进行每名员工责任划分，依靠集体的力量打赢了标准化作业达标的攻坚战。

为了保证攻坚工作顺利进行，公司与参与工程项目的外包单位密切协作，对标准化作业实行等同管理，营造同样的安全文化氛围。外包人员、技术指导人员要和厂方人员一样，需要佩戴相应的A级检修进场标志牌和安全帽贴。作业区设置与厂区标准一致的围栏、围挡和门禁系统，围栏外设置网格化信息牌。外包单位管理人员和厂内监护人员协同工作，做到作业全过程在岗，有作业就有监护。对外包外委队伍加强培训，进行常态化检查，严格执行HSE停工令的管理流程，对于发现的严重影响人员安全的作业行为，及时发布停工令，责令其限期整改。

## 二、发扬传承，创新机制

2021年，国家电投集团决定筹建通辽电投发电有限责任公司，通辽总厂为新厂建设输送了一大批有生力量，这批投入新厂筹建之中的有生力量既带来了管理经验和生产技术，更带来了通辽总厂多年积累中形成的和谐双赢，携手共赢安全文化，为新厂建设注入了充沛的活力。

新厂建设首先面对的是在多家分包单位共建的情况下，如何凝聚各方力量、克服各种困难，特别是克服应急资金困难确保安全的问题。

由于承包单位可能存在资金链脆弱、安全管理不规范等诸多安全风险，如果甲乙双方由于营利模式的立足点不同带来合作不顺畅，就会导致事故频发。特别是一旦出现突发事件或自然灾害时，有些承包商由于流动资金不足，影响安全风险防范的积极性和应急响应的有效性，共同的安全局面就会遭到破坏。为了有效解决看似两难的问题，公司强调建设方与施工方不仅要“统一规划，统一组织，统一协调，统一监督”，更要统一安全文化理念，要以通辽总厂多年积累的“和谐双赢，携手共赢”为价值取向，真正做到“心往一处想，劲往一处使”，保证安全管理步调一致。

我们认识到建设方与施工方既是经济利益的共同体，更是安全生产的合作者，要统一思想协调解决共同面对的风险挑战，实现共赢而不应你争我夺、斤斤计较。为此，我们积极促进建设方、总包方和分包方反复沟通协调，总结提炼出立足双赢的应急救援互助机制，以期调动承包商基建施工阶段安全管理的积极性，解决发生突发事件及自然灾难时由于资金不足造成事故扩大或发生衍生事故的难题。

应急救援互助机制是由总承包单位组织，分包单位参与的应急救援互助基本体系。总承包单位与分包单位签订协议，组织所属分包单位按照工程建设安装费的5‰缴纳互助金，在项目总承包账户中设立专项互助金的财务子科目，建立专项资金账户，按照协议管理专项资金，实行单独列账、专款专用。成立以建设单位项目负责人为主任的应急救援互助管理委员会，下设管理办公室和监督工作组，负责应急救援互助金的日常管理和互助金收缴、使用、审核的过程监督。

应急救援互助机制审批快捷迅速。分包单位拟使用互助金时，将使用申请报互助管理办公室审核，经互助管理委员会讨论审议通过，管理委员会主任确认签批后，管理办公室办理互助金财务支付流程，从使用到支付仅8个流程，审批迅速，确保施工单位精准高效地开展应急救援、控制事态及恢复建设等工作。

应急救援互助机制使用范围全面，包括应对突发暴雨、暴风、地震、冰冻等自然灾害，应对突发人身、火灾、交通、坍塌、起重吊装、中毒窒息、环境污染等生产安全事故，应对突发职业危害、急性传染病、食物中毒等公共卫生事故，应对突发非法聚众闹事、打架互殴事件等社会安全事件等，可分别投入相应额度资金。

应急救援互助机制符合法律法规要求。该机制提出后，公司先后向内蒙古自治区民政部门和2家律师事务所提出咨询，并得到回复："应急经费是保障工程项目发生灾变事故时迅速投入开展应急救援工作的前提保障，没有完善的应急预案和充足的应急救援经费，就无法有效开展应急救援工作和维护应急管理体系正常运行。因此，在大、中型建设项目中确立应急救援互助机制确有必要。

## 三、协调行动，携手共赢

应急救援互助机制的提出和实际应用，大大缓解了承包方的后顾之忧，促使甲乙双方在安全生产保障上的合作更加紧密，进一步激发了通力合作预防事故的积极性，加强了安全隐患排查和日常应急演练。

2022年11月左右，正值公司火电机组地基处理阶段，寒潮突然来临，气温下降10℃以上并且伴随冰雪大风天气，气温骤降可能引发地基冻融，造成地基结构破坏并影响地基强度，形成重大施工隐患。因此，迅速对地基进行保温处理成为当时工作的重中之重，而面临突如其来的灾害，承包商应急流动资金不足，向其上级审批流程比较烦琐，资金到位滞后。利用基建应急救援互助模型，及时下拨应急救援互助金，采购物资、设备进行防寒防冻工作，避免了事件的扩大，互助效果显著。

企业安全生产是由多个实体组成的有机生态系统，团队聚力才能合作共赢。只有建设方与各参建单位荣辱与共、同心同德、共同面对设计延误、施工作业、价格波动、突发事件等各项风险，本着一致的安全理念、一致的经济利益、一致的方向目标，立足合作共赢，才能做好风险防控和应急管理。如果做不到通盘统筹，就不可能保障安全，必然牵一发而动全身。

（国家电投集团内蒙古公司通辽发电总厂有限责任公司　孙　文
国家电投集团内蒙古公司通辽电投发电有限责任公司　关海平）

## 案例启示：持续改进，在创新中发展

企业安全文化是需要传承的。国家电投通辽发电总厂多年积累形成的双赢安全文化，在四期工程基础上筹建的通辽电投发电公司得到了很好的延续和发扬。在新厂建设期间，公司创建了甲乙双方双赢互利的应急救援互助机制，总结出了很好的经验，化解了一系列工作难题。

（1）发动全员保持进取精神问题：企业的安全文化建设与全体员工密切相关。在安全文化建设已经取得很大成绩的情况下，如何调动全体员工主动保持不断进取的积极性，将安全文化的理念持续落实到生产的各个环节，是安全文化建设过程中的重要问题。

（2）外包单位的管理问题：在企业日常生产过程中，不可避免地需要与外包单位合作。在面对外包公司员工构成复杂、安全意识薄弱等问题时，企业应该如何进行安全生产管理。

（3）甲乙双方利益冲突问题：施工方和建设方可能会因为营利模式的立足点不同，导致合作不顺畅，事故频发。如何协调双方的矛盾，实现合作共赢，是安全生产中迫切需要解决的问题。

（4）应急资金管理问题：新厂建设时，如何在多家分包单位共建的情况下凝聚各方力量，克服各种困难，确保应急资金的安全及合理使用。

针对上述难题，企业本着和谐共赢精神，提出了具有企业特点的解决方案：

（1）全体员工齐心协力。首先明确企业是由所有成员组成的安全生产大家庭，成员之间密切联系，企业尊重每一名成员，共享全部社会价值，共求企业安全发展。而后，提出了家庭是企业安全生产的大后方，家庭和睦幸福是安全生产的有力保障，提升员工的家庭幸福感，有利于增加安全的重视程度。同时，强调在安全生产中的方方面面都要落实安全文化，所有工作部门都是安全生产中不可分割的链条，团队中的所有成员都要以集体的安全利益为核心，细致员工责任划分，用个人的力量为集体做奉献。

（2）对于参与工程项目的外包单位实行标准化作业等同管理，营造同样的安全文化氛围。对外包团队加强培训，严格执行HSE管理流程，保证安全生产的全面性。

（3）企业充分认识到建设方与施工方既是经济利益的共同体，更是安全生产的合作者。要统一指挥，实现“和谐双赢，携手共赢”，保持步调一致。

（4）为防止发生突发事件和自然灾害时，部分承包商因流动资金不足，无法及时处理问题而发生事故，企业建立了应急救援互助机制。应急救援互助机制是由总承包单位组织、分包单位参与的应急救援互助基本体系。总承包单位在项目账户中建立专项资金账户，实行单独列账、专款专用，缩短审批流程，确保施工单位高效开展应急救援、控制事态及恢复建设等工作。

通过学习通辽总厂安全文化建设的优秀经验，人们还需要注意：

（1）除了关注员工的家庭氛围之外，仍需关注企业内部的人文环境。企业是一个“大家庭”，家庭成员是否可以从集体中汲取力量、获得满足感同样是安全文化建设的关键一环。

（2）外包员工的能力、素质水平参差不齐，统一的安全管理是否会造成外包人员培训吃力、惩罚频数过高、惩罚力度过重等问题。在强调统一管理模式的同时，也要关注员工之间的差异性，协调发展，合作共赢。

（3）应急救援互助机制的使用范围全面，包含各种可能的突发情况。但是总承包方总揽各种意外情况的应急管理，是否会导致各分包单位对原有的应急管理要求降低，减少关注，反而增加事故的发生概率。

（4）应急救援互助机制审批流程精简的同时，需要加强事后监督环节，确保专款专用，资金合理利用于应急救援、控制事态及恢复建设等工作中。

# 案例四　以安全文化为引领，加强企业相关方安全管理

## ——黑龙江伊利乳业有限责任公司

黑龙江伊利乳业有限责任公司（以下简称黑龙江伊利）于2012年7月正式建成投产，工厂采用瑞典利乐及德国GEA公司设备，全部实现中央自动化控制，是目前全亚洲单塔产能（6.0吨/时）最大的工厂。主要产品包括：中老年系列奶粉、金领冠婴幼儿配方奶粉、金领冠珍护婴幼儿配方奶粉等。

黑龙江伊利致力于营造良好的安全生产氛围，以安全文化为引领，以集团和事业部HSE职业健康安全管理体系框架为基础，深入开展“三安全”工作，形成了“人人讲安全、人人想安全、人人要安全”的安全新格局，开辟责任落实到底、风险隐患受控、应急处置得力、安全保障到位的安全智能化管理新途径。2023年4月黑龙江伊利获得了“全国安全文化建设示范单位”称号。

在日常生产经营活动中，由于业务工作需要，经常存在外部单位和个人来厂从事各种相关公务活动，由于很多相关方作业周期短，人员素质参差不齐，安全标准化水平各不相同，如果管理不到位，必然带来极大的安全隐患。为了保障员工健康安全和企业安全生产的顺利运行，我们认识到必须将相关方安全纳入本企业安全管理体系，严格落实相关方安全管理的“统一标准、统一要求、统一培训、统一奖惩”，从根本上实现安全文化建设的统一。

## 一、体系化管理

企业建立相关方管理制度，明确相关方引入要求，建立相关方档案，对于高风险施工项目成立开工验证小组，由引入部门进行材料准备，属地部门进行复

审，工厂安全部审核后方可开工作业。每日进行相关方安全123会议（即每日2次、3分钟），不断强化人员安全意识，同时针对相关方危险作业，要求监护人员佩戴执法记录仪，记录危险作业活动过程，每日工厂通过记录回放，识别作业活动存在的风险，输出改善报告，明确整改标准。企业始终将相关方作业按照内部员工进行管理，起草相关方安全文化提升方案，加强公司相关方安全文化建设，提高全体员工安全意识和素质。方案中明确安全文件建设的工作内容，包括安全文化自主推动计划、教育培训、安全演练、不安全行为监督、安全文化评价等各项工作开展的方法和评估方式。每年6月，企业开始组织相关方进行安全重点工作计划讨论会议，根据相关方公司来年发展规划来制定工作计划及目标，确定共同的工作方向，同时将相关方的安全教育培训、复训所发生的费用，劳保防护用品，内部组织的安全技术、知识培训教育，安全生产知识竞赛、技能比赛等活动所发生的费用纳入其中。

## 二、相关方管理流程

工厂每年面临各项施工及改造项目，施工项目存在集中性及交叉性且项目分散，相关方管理难度加大。为了强化相关方安全管理，企业有针对性地确定了相关方管理流程（图11–2）。工作内容包括新改扩及相关方管理通过安全协议明确双方职责，并约束不安全行为，通过资质审查、培训验证、证件备案、保险信息、协调信息等办理准入，同时开展入厂安全告知。针对人员健康进行每日监控，并每日对作业过程进行日点检，发现隐患立即叫停，落实谁引入、谁负责、谁的区域谁管理的原则，从而达成年度新改扩及相关方“零”事故目标。

## 三、人员管理

工厂明确相关方人员安全等同于自有员工管理的理念，从相关方人员入厂培训、工器具使用、人员能力、应急处置、安全文化参与等多维度管理，让每位进入黑龙江伊利的相关方人员能够感受到企业安全文化管理理念，最终达成工厂年度安全绩效和实现安全文化积极主动阶段目标。

企业组织所有入厂相关方人员建立安全能力提升计划，由工厂安全部、相关方引入部门、属地管理部门、相关方负责人共同针对人员作业活动制定安全能力培训、验证计划，定期组织人员实操演练，同时针对高风险施工项目人员开展四级专项培训（告知级、通用级、赋能级、日常级），不断强化相关方作业能力，加强现场作业标准化要求。监护人员每日利用“相关方每日身心健康点检表”对人员情绪、身体进行关怀，将相关方纳入工厂内部员工进行统一安全心理和生理健康管理。

### 四、设备设施管理

企业依据法律法规要求结合实际建立相关方设备设施准入机制，由相关方引入部门对设备设施完好性、合规性进行初审，对于基础信息（有效期、厂家等）使用二维码覆盖检查信息，属地部门进行定期核验，保证设备设施完整性。针对工器具进行风险识别及对策制定，利用KYT等流程强化人员使用工具的符合性，成立设备设施检查改善小组，明确职责分工，制订角磨机、人字梯、焊机、脚手架等24项工器具检查标准。

### 五、环境管理

企业针对相关方作业活动区域开展标识、现场等环境隐患排查，完善安全标识、安全标志的张贴、更新，建立现场5S区域点检表，每日对作业环境进行点检，保证作业现场的干净、整洁、合规。同时通过联合检查、日常检查、专项检查等方式与作业区域相关方沟通，对环境管理的不足进行研讨，输出改善措施，不断加强作业环境的整洁性与安全性。

（黑龙江伊利乳业有限责任公司　肖金荣　吕胜男　张　爽　张　剑）

## 案例启示：建设协同共享的安全生态圈

在如今全球化的商业环境中，企业内外部高效协同共享成为企业提高自身竞争力和实现可持续发展的关键因素。需要注意的是，在大量外包工程参与甲方建设时，相关方人员管理也带来新的难题，只有确保职工处于安全状态，生产才能够正常运行，企业才能够创造绩效。黑龙江伊利乳业有限责任公司为建设协同共享的安全生态圈，在进行企业相关方安全管理时，主要解决以下几个难点：

（1）相关方人员素质参差不齐：来自不同单位的人可能有不同的职业态度和

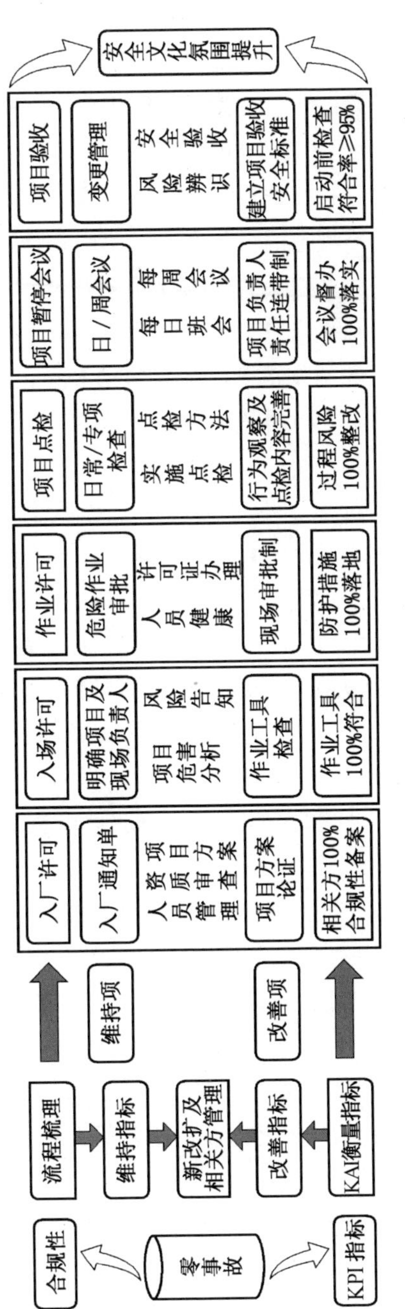


图11-2　相关方管理流程

价值观，有些人可能更注重个人利益，而有些人可能更注重集体利益。同时他们也有着不同的培训和发展机会，有些人可能能够经常接受内部和外部的培训，而有些人可能很少有机会接受培训。这可能导致人们在知识、技能、能力等方面存在差异。如果不统一培训管理，容易引起生产操作上的安全隐患等。

（2）相关方设备设施管理的安全标准化水平不同：企业使用的机械设备和电气设备，如长时间使用或维护不到位，可能会出现设备老化、磨损、故障等问题，导致安全隐患。此外，不规范的设备操作或使用不合适的工具可能导致机械伤害等事故。若管理不妥当，易提高生产风险。

（3）环境管理：相关方初次来企业时，对生产环境不熟悉；而后相关方人员在作业活动区域作业时，也要对生产环境保持整洁和规范，施工项目的集中性、交叉性和项目分散，需要设立统一而又个性化的规范，否则会增加相关方管理的难度。

（4）体系管理：需要建立一套明确的关于相关方安全管理的规章制度和工作流程，确保各项工作的开展都符合标准和规范要求，要避免随意性和主观性，否则难以保证工作的一致性和稳定性。

对于以上难点，黑龙江伊利提出的具有企业特点的解决方案如下：

（1）对相关方人员进行从入厂培训到工器具使用、能力评估、应急处置等多维度的管理，使他们与本企业员工同样被管理，确保他们完全融入企业的安全文化。

（2）建立了相关方设备设施准入机制，确保设备的完好性和合规性，并对工器具进行风险识别和管理；成立设备设施检查改善小组，明确职责分工。

（3）对作业区域进行环境隐患排查，保持作业现场的干净、整洁和安全，并通过不断的沟通和改善措施加强环境管理。

（4）建立了相关方管理制度，包括档案管理、开工验证、日常安全会议、危险作业监控等，以强化安全意识和风险控制。加强公司相关方安全文化建设，提高全体员工的安全意识和素质。

以上内容体现了黑龙江伊利乳业有限责任公司在相关方安全管理上的系统性、全面性和持续性改进。

通过学习黑龙江伊利关于企业相关方安全管理的优秀经验，还需要注意以下内容：

（1）制定明确的安全政策和目标：企业应制定明确的安全政策和目标，并将其传达给所有员工。安全政策应包括对安全重要性的认识、对生产安全事故的零容忍态度，以及每个人在安全方面的职责。目标应具体、可衡量、可达成和时限明确，以便员工能够理解并朝着这些目标努力。

（2）安全文化的深入落实：安全文化不仅要在文件和培训中体现，还需要在日常工作中不断强化，确保每位员工都能够内化安全理念。企业应通过各种形式营造安全文化氛围，如开展安全文化周、安全文艺演出等；不应因施工项目分散就简化或省略安全文化的宣传与落实，在施工单位采用线上交流学习的方式已得到可行性的验证。

（3）建立适当的奖惩机制：每日进行的相关方安全123会议虽然每日两次，但每次只有3分钟，不能随着时间的推移，逐渐流于表面成为一种形式，从领导到员工都应重视。企业应建立完善的安全奖惩机制，对安全生产表现优秀的员工给予表彰和奖励，对违反安全规定的员工进行惩罚。这种机制能激励员工更加重视安全，形成良好的安全文化氛围。

（4）建立共赢的合作机制和反馈机制：企业管理相关方时需要建立共赢的合作机制，包括合理的定价策略、合作协议、合同条款等。要确保双方的利益得到保障，实现互利共赢。同时，要注重长期合作关系的建立和维护，避免短期利益冲突。建立反馈和改进机制，定期收集和分析相关方的反馈意见和建议，及时发现和改进存在的问题，持续改进和提高管理水平。

# 案例五　安全是员工的最大福利

## ——南方电网广东电网有限责任公司茂名供电局

广东省茂名供电局是南方电网广东电网有限责任公司直辖的大二型供电企业。多年来，茂名供电局坚持以习近平新时代中国特色社会主义思想为指导，安全绩效持续向好。茂名供电局获得了广东省先进集体、全国安康杯竞赛优胜单位等荣誉称号，连续10年在地方政府公共服务评价中排名第一。2017年企业获得“全国安全文化建设示范企业”称号。

## 一、安全文化建设主要举措

茂名供电局一直以来深耕“安全是员工的最大福利”安全文化建设，以“安全风险管理体系”为建设载体，推动安全文化全面融入管理、切入业务、植入行为，通过提升员工安全意识、构筑系统管理源头、培育员工安全行为习惯、建设多元人文环境4个方面提供“安全福利”，按“管理保障、环境支撑、意识生根、行为落地”的路径持续深入开展安全文化建设，全方位辐射安全理念，营造安全文化氛围。

企业按照南方电网公司安全文化特征与原则，提炼出“茂名供电局安全文化理念体系”和逻辑图，确立了一套安全文化建设规划和动态定位建设目标，大力推行局层面和部门（班组）层面两条安全文化建设路径，促进全员安全意识生根和充分的安全参与。

## 二、明确“四个一”主题，推进基层安全文化建设

茂名供电局为了使“安全是员工的最大福利”安全理念全面落实，在高度重

视全局层面安全文化建设目标和安全文化建设维度两大模块基础上，加强基层部门（班组）层面建设，为基层安全文化建设提供明确思路和具体措施，每年均在基层重点开展“一方针、一脉络、一传承、一品牌”四大主题工作。

1. 一方针

强调意识生根的系统化，以安全生产方针为出发点，提炼安全价值观，明晰方针和安全价值观的系统化应用，紧盯本班组相关的指标数据，强化班组安全管理学习教育，充分发挥安全生产方针和安全价值观在意识生根方面的统领作用。

2. 一脉络

强调行为落地的风险管控主线，以班组风险管控为出发点，寻找班组风险管控的里程碑事件，推动本班组安全生产管理活动的创新，充分发挥风险管控脉络在行为规范化方面的重要作用。

3. 一传承

强调人文气息的环境支撑，以班组的历史传承为基础，梳理形成有代表性、有历史感的人文发展历程，挖掘班组人员的特点、事迹，倾听前辈的故事，构建人文气息的安全文化视觉系统，充分发挥历史传承在人文环境构建方面的重要作用。

4. 一品牌

强调安全文化建设体系的系统化，以本班组特色安全生产工作为基础，提炼班组特色安全文化，组织有特色的安全生产活动，统一员工的安全价值观、态度、承诺等文化内涵，提升班组安全文化影响力和传播力。

## 三、“四个一”主题落地生根

通过在基层单位重点开展“一方针、一脉络、一传承、一品牌”四大主题工作，不断提炼各基层单位的安全文化特色，把握安全文化建设关键环节，大力培育员工按规矩做事的行为习惯，促进了安全文化理念有效落地，实现全体员工共建共享安全文化建设成果。

1.化州供电局“情系万家，平安橘电”特色

安全文化建设始终围绕“人”这一核心要素，聚焦于“情”，严爱结合，建设了“五星家文化”(图11-3)。通过关心关爱员工安全，用心用情服务社会客户，守护一方人民及地方安全可靠用电，助力地方经济发展。化州供电局荣获“全国安全文化建设示范企业”称号。

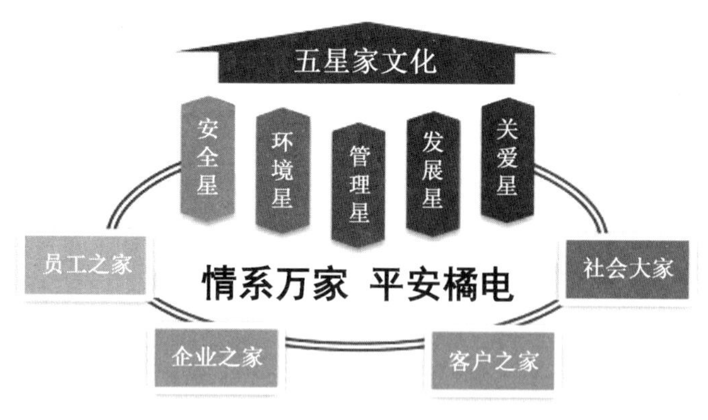


图11-3 化州供电局“五星家文化”

2.信宜供电局“平安知信行，窦州灯火情”特色

信宜供电局在“学中知、知中信、信中行”中精心打造本质安全人。通过党建引领、制度固本、管理保障、文化渗透、行为养成这五个方面落实见效，共同营造“和融一家，凝心聚力保平安”的良好安全氛围，逐步实现本质安全型企业。信宜供电局荣获“广东省安全文化建设示范企业”称号。

3.茂南供电局金塘供电所“金·诚”特色

“金”代表金塘供电人永不退缩的顽强斗志和敢于克服困难的智慧与勇气；“诚”意为诚实守信，真诚待人，呼应“为客户创造价值”的服务理念。“金·诚”契合班组文化氛围，把“我要安全”融入班组安全文化中。金塘供电所荣获“广东省安全文化建设示范企业”称号。

4.系统运行部通信网络运行班“电网安全，通信护航”特色

通信网络运行班坚持以人为本，注重引导员工从思想、行为上提高控制不安全因素的能力，重点培养职工“安全是员工的最大福利”意识，将网管监控、业

务配置、通信调度工作落实到位，为电网安全稳定运行提供优质的通信服务，最终实现了全年零人身安全事故及零设备事故。通信网络运行班荣获“茂名供电局安全文化建设示范班组”称号。

茂名供电局通过从全局到班组各层级安全文化主题建设，广泛传播和贯彻各级单位积淀已久的文化精髓，引导各级人员运用风险管控思维落实安全管理，发挥主题效应，统一员工的安全价值观、态度、愿景等文化内涵，营造了全局从领导层、业务层到班站所各层全面安全文化氛围，有效推动了安全生产。

（南方电网广东电网有限责任公司茂名供电局　安向阳　陈　童　陈燕君）

## 案例启示：上下同心，其利断金

企业安全文化建设不能只有企业领导层、管理层的积极性，更需要全员特别是生产一线基层员工的积极性。只有上下同心，才能做到其利断金。茂名供电局注重在明确全局安全理念建设的基础上，广泛发动全体员工对企业基层进行有针对性的指导，在全面推动企业安全文化建设方面取得了很好的经验。

（1）强化基层。在安全文化建设中，茂名供电局不仅高度重视在全局层面确立安全文化建设目标和安全文化建设维度两大模块，而且大力加强基层部门（班组）层面建设，在基层部门（班组）层面深入开展了“一方针、一脉络、一传承、一品牌”四大主题工作。“四个一”的创新实践不仅丰富了企业安全文化的内容，更激发了员工的参与热情和创新精神，增强了员工对安全文化的认同感、归属感和传播力。

（2）注重提炼。企业通过提炼班组特色安全文化，组织有特色的安全生产活动，成功打造了一个个独具特色的安全文化品牌，进一步提升了班组安全文化的影响力和传播力。这种基层的创新实践，更加贴近员工实际工作和生活，更具针对性和实效性，增强了员工的安全意识，为企业的安全文化建设注入了新的活力。

（3）理念引导。茂名供电局在基层安全文化建设中“四个一”的创新实践，是在企业“安全是员工的最大福利”核心安全文化理念的引导下开展的。“安全是员工的最大福利”体现了企业对员工生命安全的深切关怀，也凸显了安全在企业文化中的核心地位。这种以员工为本的安全理念，能够激发员工的归属感，从而更加自觉地遵守安全规章制度，形成全员参与的安全管理氛围。这彰显了企业对全体员工生命安全的高度重视，通过确保每一个员工都能在安全的环境中工作，调动基层员工全力以赴投入安全文化建设中，推进企业的安全稳定发展。

（4）两手齐抓。在关心关爱员工安全的同时，企业同时强调规章制度的重要性，要求员工严格遵守安全操作规程。这种刚柔并济的管理方式不仅提升了员工的安全意识，也增强了企业的凝聚力和向心力。在茂名供电局，员工们能够感受到企业的关怀与温暖，同时也能够明确自己的责任和义务，共同为企业的安全发展贡献力量。

以典型为镜，可以明得失，向先进学习，可以看到自身的长处和短处。只有对照先进企业的成功经验做好优势、劣势、发展机会和面对威胁的透彻分析，才能确定努力的方向，找准短板弱项，有效解决企业在安全文化建设中存在的问题。为了使企业安全文化建设更上一层楼，特别需要针对安全文化建设目标是否清晰，核心理念是否明确，评价要素是否理解，建设体系是否健全，运行机制是否完善，核心能力是否强劲等问题，提出持续改进的计划和措施。榜样的力量在于激励，希望各家企业能够在安全文化建设的道路上创造出各具特色的经验，让安全文化为安全发展贡献生生不息、更加强韧的力量。

# 附　录

ICS 13.100
CCS C75

# 团 体 标 准

T/CAWS 0008—2023

# 企业安全文化星级建设测评规范

**Specification for assessing enterprise safety culture development: the five-star rating system and guiding principles**

2023-03-24 发布 2023-03-24 实施

中国安全生产协会 发 布

# 目　次

# 前　言

本文件按照GB/T 1.1—2020《标准化工作导则　第1部分：标准化文件的结构和起草规则》的规定起草。

请注意本文件的某些内容可能涉及专利。本文件的发布机构不承担识别专利的责任。

本文件由中国安全生产协会提出并归口。

本文件起草单位：北京交通大学、山东核电有限公司、津药达仁堂集团股份有限公司达仁堂制药厂、北京航天新立科技有限公司、中车戚墅堰机车车辆工艺研究所有限公司、北京城建轨道交通建设工程有限公司、湖南建设投资集团有限责任公司、福建省应急管理协会、河南省安全生产和职业健康协会、广西应急管理协会、河南长业智能科技发展有限公司、中钢集团武汉安全环保研究院有限公司、中国国检测试控股集团股份有限公司、北京嘀嘀无限科技发展有限公司、衡水京华制管有限公司、龙岩烟草工业有限责任公司、河南安协应急与安全技术服务有限公司、上海城建城市运营（集团）有限公司、河北海航认证有限公司、福建省高速公路集团有限公司龙岩管理分公司。

本文件主要起草人：陈明利、翟怀远、吴放、宋守信、贺定超、刘双成、丁文渊、刘国勇、刘蕾、潘国军、刘淑、李绍文、章玉婷、赵靓、杨彦、马卓南、白孝杰、汪心明、罗振宇、陈峥、裘松樵、张艺华、李青松、吴匀端、叶建进、阮小松、刘峰、张雪中、朱旭东、肖双生、何兵、朱庆华、宋俊磊、袁雪理、吴少军、曾祥文、马传能、杨旭、刘爱军、尹立涛、温泉、王一明、林晓飞、翁勇南、田绍状、李博伟。

# 引　言

为认真贯彻落实习近平总书记关于安全生产的重要论述和《中共中央、国务院关于推进安全生产领域改革发展的意见》，进一步推动企业安全文化建设持续提升、良性发展，激发企业做好安全管理工作的内生动力，充分发挥协会服务生产经营单位、促进安全生产管理的重要作用，中国安全生产协会制定本标准文件。

企业安全文化星级建设测评规范，是推进企业安全文化建设水平系统提升的重要载体。各企业应高度重视和发扬安全文化建设在促进安全生产，保障长治久安中的重要作用，充分考虑企业安全文化建设的长期性和持续性，积极学习和运用规范提出的评价标准和建设方法，不断提升企业安全文化建设水平。

# 企业安全文化星级建设测评规范

## 1.范围

本文件确立了企业安全文化星级建设测评的基本原则、测评框架、测评要素、测评方法以及测评工作持续改进的要求，规定了测评报告的提交格式，并给出了测评工作证实方法，用于指导和规范企业安全文化建设成果的测评工作。

本文件适用于从事生产经营活动的单位，包括企业、事业、团体、功能区及个体或新型经济组织等。

## 2.规范性引用文件

下列文件中的内容通过文中的规范性引用而构成本文件必不可少的条款。其中，注日期的引用文件，仅该日期对应的版本适用于本文件；不注日期的引用文件，其最新版本（包括所有的修改单）适用于本文件。

GB/T 33000　企业安全生产标准化基本规范

GB/T 45001　职业健康安全管理体系　要求及使用指南

AQ/T 9004　企业安全文化建设导则

AQ/T 9005　企业安全文化建设评价准则

ISO 31000　Risk management–Guidelines

## 3.术语和定义

GB/T 33000、GB/T 45001 、AQ/T 9004 、AQ/T 9005和ISO 31000界定的以及下列术语和定义适用于本文件。

**3.1　企业安全文化**　enterprise safety culture

被企业组织的员工群体所共享的安全价值观、态度、道德和行为规范组成的统一体。

注：在本标准中也被简称为安全文化。

［来源：AQ/T 9004—2008，3.1］

3.2 **企业安全文化建设** developing enterprise safety culture

通过综合的组织管理等手段，使企业的安全文化不断进步和发展的过程。

［来源：AQ/T 9004—2008，3.2］

3.3 **安全理念** safety concepts

企业在自身安全哲学、宗旨、目标、精神作用等基础上，通过理性思维而形成的观念。

3.4 **安全价值观** safety values

被企业的员工群体所共享的、对安全问题的意义和重要性的总评价和总看法。

［来源：AQ/T 9004—2008，3.6］

3.5 **安全愿景** safety vision

用简洁明了的语言所描述的企业在安全问题上未来若干年要实现的前景。

［来源：AQ/T 9004—2008，3.7］

3.6 **安全使命** safety mission

简要概括出的、为实现企业的安全愿景而必须完成的核心任务。

［来源：AQ/T 9004—2008，3.8］

3.7 **安全知识** safety knowledge

企业员工在安全生产活动中所积累的显性知识和隐性知识。

3.8 **安全行为方式** behavior pattern for safety

企业员工在安全生产活动中受思想支配的行动表现。

3.9 **安全态度** safety attitude

在安全价值观指导下，员工个人对各种安全问题所产生的内在反应倾向。

［来源：AQ/T 9004—2008，3.11］

3.10 **安全承诺** safety commitment

由企业公开作出的、代表了全体员工在关注安全和追求安全绩效方面所具有的稳定意愿及实践行动的明确表示。

［来源：AQ/T 9004—2008，3.5］

3.11 **工作场所** workplace

在组织控制下，人员因工作需要而处于或前往的场所。

［来源：GB/T 45001—2020，3.6］

**3.12　作业环境**　working environment

从业人员进行生产经营活动的场所以及相关联的场所，对从业人员的安全、健康和工作能力，以及对设备（设施）的安全运行产生影响的所有自然和人为因素。

［来源：GB/T 33000—2016，3.12］

**3.13　安全标识**　safety symbol

使用招牌、颜色、照明标识、声信号等方式来表明存在信息或指示安全健康的标志标识。

**3.14　战略规划**　strategic program

指导企业全局的、较为长远的安全计划。

注：在本标准中也被简称为规划。

［来源：AQ/T 9004—2008，3.19］

**3.15　安全目标**　safety goal

为实现企业的安全使命而确定的安全绩效标准，该标准决定了必须采取的行动计划。

［来源：AQ/T 9004—2008，3.9］

**3.16　安全绩效**　safety performance

基于组织的安全承诺和行为规范，与组织安全文化建设有关的组织管理手段的可测量结果。

注1：安全绩效测量包括安全文化建设活动和结果的测量。

注2：在本标准中也被简称为绩效。

［来源：AQ/T 9004-2008，3.3］

**3.17　风险**　risk

不确定性对目标的影响。

［来源：ISO 31000—2018，3.1］

**3.18　事件**　incident

由工作引起的或在工作过程中发生的可能或已经导致伤害和健康损害的情况。

注1：发生伤害和健康损害的事件有时被称为“事故”。

注2：未发生但有可能发生伤害和健康损害的事件在英文中称为“near-miss”、“near-hit”或“close call”，在中文中也可称为“未遂事件”、“未遂事故”或“事故隐患”等。

注3：尽管事件可能涉及一个或多个不符合，但在没有不符合时也可能会发生。

[来源：GB/T 45001—2020，3.35]

3.19　**安全异常**　safety abnormity

可导致安全事件的不正常情况。

[来源：AQ/T 9004—2008，3.13]

3.20　**安全缺陷**　safety defect

可被识别和改进的、对组织和个人追求卓越安全绩效造成阻碍的不完善之处。

[来源：AQ/T 9004—2008，3.14]

3.21　**相关方**　related party

工作场所内外与企业安全生产绩效有关或受其影响的个人或单位，如承包商、供应商等。

[来源：GB/T 33000—2016，3.4]

3.22　**持续改进**　continual improvement

提高绩效的循环活动。

[来源：GB/T 45001—2020，3.37]

## 4. 企业安全文化星级建设测评基本原则

### 4.1　理念引领原则

企业安全文化星级建设的测评有别于其他安全生产管理测评，应突出安全文化的特点，测评工作要体现理念引领的作用，深入挖掘企业安全文化理念是如何产生、如何在生产实际中运用并发挥纵深防御作用的。

### 4.2　联系实际原则

企业安全文化星级建设测评体系应联系企业安全生产实际，使其与企业的各项生产经营活动融合起来，不要脱离企业的生产实际、脱离企业安全管理的全过程、脱离员工的实际思维方式与行为习惯等。

### 4.3　系统评价原则

企业安全文化星级建设测评体系是一个由相互联系、相互依赖、相互作用的各要素和不同层次构成的有机整体。测评指标的内容应覆盖到企业安全生产的各个方面，对企业安全文化建设工作的方方面面综合测评和分析。

### 4.4　注重实效原则

企业安全文化星级建设测评体系应层次分明，简明扼要。测评体系的方案应具有可操作性，对每一项工作要进行详细地分解，各个环节要内涵清晰，相对独立，并能在实际安全生产过程中得以有效地实施开展，最终能获得相应的测评结果，达到测评的目的。

**4.5　自我完善原则**

企业安全文化建设与测评强调企业有意识地主动建设。企业通过自我测量、自我评价、自我建设、自我完善，达到以评促建、评建结合，及时发现问题、改进工作，推动安全文化建设水平持续提升，不断激发起企业做好安全管理工作的内生动力。

**4.6　自觉自信原则**

企业安全文化建设需要企业对“安全第一，以人为本 ”的核心价值观有充分的自我觉悟，对安全文化的现状有正确的自觉反省，对安全文化的发展能够自觉创建；对安全文化的作用有充分的信任，对安全文化生命力持坚定的信念，对安全文化的发展前景充满坚定的信心。

5.企业安全文化星级建设测评框架

企业开展安全文化星级建设工作应结合安全文化三元内涵（即：安全理念、安全知识和安全行为）的分解，综合考虑决策层、管理层和员工层不同层级在安全文化建设中应承担的责任和行为表现。测评框架由安全价值观、安全态度、安全诚信、安全教育、安全环境、安全制度、全员参与、安全沟通和持续改进等九项一级指标构成（图1）。

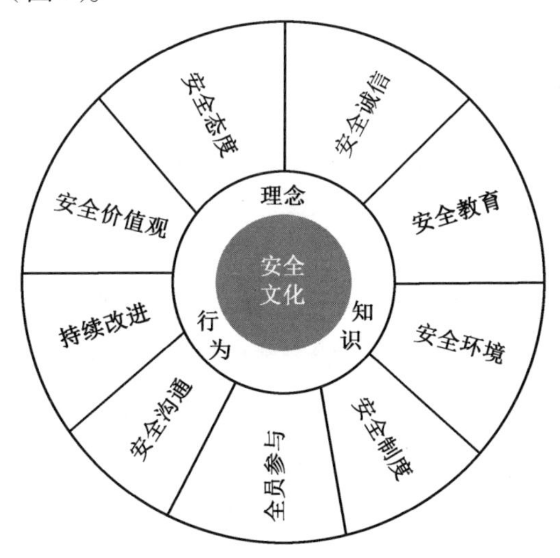


图1　企业安全文化星级建设测评框架示意图

6. 企业安全文化星级建设测评要素

6.1 **安全价值观**

安全价值观应考查被企业员工所理解并广泛认同的关于安全生产价值观的先进性。考查点包括：

a）企业具有明确的安全价值观，体现追求卓越安全绩效的程度；

b）安全价值观体现企（行）业特色的程度；

c）安全价值观在企业内外部持续传播的程度；

d）安全价值观获得企业员工广泛认可的程度。

6.2 **安全态度**

安全态度应考查企业员工在安全生产过程中对待安全的工作态度。考查点包括：

a）决策层在制定政策、建立体制和资源分配等工作中体现安全优先的程度；

b）管理层在部门工作计划、组织、指挥、协调、控制等工作中体现对安全的重视程度；

c）员工层在岗位上落实操作规程和探索不确定性的严谨程度。

6.3 **安全诚信**

安全诚信应考查企业安全生产领域信守承诺的情况。考查点包括：

a）企业积极履行社会责任，主动公开、公示风险、隐患、事故和职业危害等安全信息的程度；

b）企业面向客户等相关方开展安全宣传，推动相关方企业履行安全责任的程度；

c）企业全员公开作出履职尽责安全承诺的情况；

d）企业全员落实岗位安全责任的情况。

6.4 **安全教育**

安全教育应考查企业员工掌握安全知识和安全技能水平的情况。考查点包括：

a）企业员工掌握安全法律法规、安全规章制度和岗位安全操作规程的程度；

b）企业员工掌握岗位职业健康危害及劳动防护知识、技能的程度；

c）企业员工掌握识别处理安全风险、隐患能力的程度；

d）企业员工掌握各类事故应急救援能力的程度；

e）企业员工自主学习的程度；

f）企业树立典型、营造学习氛围的程度。

### 6.5　安全环境

安全环境应考查企业安全生产作业环境和员工生活场所环境建设的情况。考查点包括：

a）作业环境、作业岗位符合国家、行业、地方的安全技术标准和职业健康标准的情况；

b）工作场所推行相关安全环境优化措施的情况；

c）生产与生活场所等公共区域设置安全宣教用语、标志标识的情况。

### 6.6　安全制度

安全制度应考查企业建立、健全和落实各项安全生产规章制度、规程、标准的情况。考查点包括：

a）企业建立、健全安全生产规章制度体系的情况；

b）企业及时修订完善安全生产规章制度体系的情况；

c）企业落实风险分级管控、隐患排查治理机制和应急管理制度的情况；

d）企业全员落实各项安全规章制度、规范安全生产行为的情况。

### 6.7　全员参与

全员参与应考查企业所有员工参与企业安全文化建设工作的情况。考查点包括：

a）企业各级管理者积极创造全员安全事务参与的环境、渠道，营造全员参与安全管理的工作氛围；

b）企业建立覆盖各层级、各部门及全体员工的参与制定和落实安全规划、安全目标、安全投入等安全管理机制的情况；

c）企业职代会、工会等积极收集安全工作及安全管理意见、建议，并建立日常员工安全建议收集和处理机制，反馈、鼓励及采纳建议的情况；

d）建立安全观察和安全报告制度，对员工识别的安全异常、安全缺陷、事故隐患，给予及时的处理和反馈。

### 6.8　安全沟通

安全沟通应考查企业员工沟通交流各类安全信息的情况。考查点包括：

a）决策层经常宣贯并强化安全重要性的情况；

b）管理层及时传达组织安全管理决策的情况；

c）企业员工将安全信息充分交流并融入工作过程中的情况；

d）安全信息在企业内上下级顺畅传递情况；

e）企业对外安全信息坦诚公开的情况。

6.9　**持续改进**

持续改进应考查企业定期评审安全文化建设效果，持续提升安全文化建设水平的情况。考查点包括：

a）企业制定安全文化建设规划、计划和实施运行的情况；

b）企业建立全员安全文化建设反馈机制，搜集合理化建议的情况；

c）企业定期开展安全文化建设工作绩效评估，改进安全文化建设工作的情况。

## 7. 企业安全文化星级建设测评方法

7.1　**基本条件**

开展安全文化星级建设测评的企业须满足如下基本条件：

a）企业成立并运营三年以上；

b）企业应建立清晰、明确的安全管理组织架构和安全责任体系；

c）申请三星以上认定的企业，需安全文化建设自评已达到三星以上水平，且近 3 年内未发生死亡或1次3人（含）以上重伤，或造成严重不良社会影响的生产安全责任事故。

符合上述基本条件后方可进行星级测评的后续工作：

1）企业定期组织和申报本企业开展安全文化星级建设测评工作；

2）企业自评由企业组织测评人员，协会测评由协会组织测评人员。所有测评人员应掌握安全文化建设的基本理论和方法；

3）测评过程中，根据企业决策层、管理层、员工层的人数情况随机抽样参与到测评访谈、问卷调查环节；

4）各星级水平首先由企业进行自我测评，测评达到四星级与五星级的企业由中国安全生产协会审核认定。

7.2　**说明及计算方法**

7.2.1　测评工作说明

企业安全文化星级建设自评由企业测评人员通过审阅评审标准、证明材料和现场评审等方式进行，四星及以上审核认定工作由中国安全生产协会组织专家通过审阅评审标准证明材料和抽查进行测评。

7.2.2　一级指标计算方法

首先对被评对象的二级指标进行0分～ 100分打分，然后分别乘以各指标权重，加权求和即可得到被评企业安全文化建设九项一级指标得分，计算公式（1）如下。

$$S_i = \sum_{j=1}^{n} c_{ij} w_{ij} \quad (1)$$

式中：

$S_i$ ——第 $i$ 个一级指标得分；

$c_{ij}$ ——第 $i$ 个一级指标下的第 $j$ 个二级指标得分；

$w_{ij}$ ——第 $i$ 个一级指标下的第 $j$ 个二级指标权重；

$n$ ——第 $i$ 个一级指标下的二级指标个数。

7.2.3 综合得分计算方法

将各项一级指标的加权得分与鼓励加分求和为企业安全文化建设综合得分，综合得分对照企业安全文化星级建设分级标准，确定最终企业测评星级，计算公式（2）如下。

$$TS = \sum_{i=1}^{9} S_i W_i + E_p \quad (2)$$

式中：

$TS$ ——综合得分；

$S_i$ ——一级指标得分；

$W_i$ ——一级指标权重；

$E_p$ ——鼓励加分。

其中，鼓励加分项每有一项加 0.5 分，包括：

a）企业近三年内获得安全生产方面的省部级以上表彰奖励；

b）企业通过职业健康安全管理体系或行业领域安全生产标准化二级以上等相关认证；

c）企业实行安全生产责任保险；

d）具有鲜明的特色和企（行）业特点的创新活动。

### 7.3 综合测评分级特征表现说明

7.3.1 一星级企业

得分在 60 分 ~ 69 分，主要特征表现：

- 被动接受安全第一，以人为本的核心价值观；
- 强调树立规则意识，重视用制度约束岗位行为；
- 员工对于安全的意义没有普遍的深刻认识；

- 在压力的约束下掌握必备的安全知识和技能；
- 安全培训能够按要求开展，效果评估不够深入；
- 管理层安全动力更多来自于由外而内的压力；
- 员工层安全动力主要来自于避免违规处罚；
- 认为安全管理只是安监部门的责任；
- 对危险预控等安全文件的严肃性缺乏足够重视；
- 对现场的风险隐患缺乏持续主动关注；
- 习惯性违章和未遂事故仍有发生。

7.3.2 二星级企业

得分在 70 分 ~ 79 分，主要特征表现：

- 主动接受安全第一，以人为本的核心价值观；
- 强调树立责任意识，严格履行岗位安全承诺；
- 管理层注重调动员工安全工作主观能动性；
- 形成学法、知法、守法的法治观念；
- 严格要求全员掌握必要的安全科学知识；
- 开展规范训练促进员工安全能力素养提升；
- 改进工作机制和技术措施促进安全；
- 设置了符合标准规定的安全环境系统；
- 建立了比较完善的全员安全承诺运行机制；
- 部分员工对于责任双重意义的理解不够深刻；
- 员工主动参与企业创建安全活动不够普遍。

7.3.3 三星级企业

得分在 80 分 ~ 89 分，主要特征表现：

- 坚定树立安全第一，以人为本的核心价值观；
- 强调树立参与意识，发动全员参与企业安全活动；
- 管理层能够理解并落实党政同责，一岗双责；
- 对于安全知识和技能，既要知其然，又要知其所以然；
- 倡导对安全问题的质疑、报告和反馈风气；
- 主动探索安全工作改进措施，积极提出改进建议；
- 企业全员能够在保障安全活动中群策群力；
- 积极推进员工合理化建议的激励和改进工作；
- 员工亲属参与促进职工安全行为的活动；

- 员工参与安全技术攻关活动的协同性需要加强；
- 个体安全文化尚未完全凝聚成集体安全文化。

7.3.4 四星级企业

得分在 90 分～ 95 分，主要特征表现：

- 积极落实安全第一，以人为本的核心价值观；
- 强调树立团队意识，做到企业安全一盘棋；
- 管理层与员工层的情感沟通交流渠道通畅；
- 形成了安全风险共担，安全经验共享的工作习惯；
- 员工明了关联岗位的安全知识、技能的内容和影响；
- 各部门在风险管控和应急管理中能够积极配合；
- 为保障安全能够与企业相关方主动协同合作；
- 对联合开展的安全项目给予充分的资源保障；
- 建立了跨层级的安全问题研究、讨论、分析的工作机制；
- 对有益于安全活动行为的过程性表彰已形成制度；
- 对于防范新生安全风险的思想和能力准备需要加强。

7.3.5 五星级企业

得分在 95 分以上，主要特征表现：

- 全面贯彻安全第一，以人为本的核心价值观；
- 强调树立进取意识，不断学习，自强不息；
- 形成相互尊重、高度信任、团结协作的工作氛围；
- 对于安全文化建设不进则退保持足够的警觉；
- 积极进取，不断更新安全管理技术和方法；
- 企业投入大量人力物力资源建设学习型企业；
- 安全行为成为企业员工的一种自然稳定的习惯；
- 企业信息公开，确保公众的知情权、参与权和监督权；
- 决策层和管理层以开放的心态倾听各种不同意见；
- 注重发挥安全文化建设示范企业的先进示范作用；
- 安全生产状况持续稳定，人际关系、人机关系和谐。

## 8. 企业安全文化星级建设测评报告

### 8.1　基本要求

测评报告文字宜简洁，附必要的图表或照片。测评报告正文部分应包括测评单位基本信息、测评小组情况、测评过程、测评结果、建设特色、问题及不足、建设措施及建议等。

8.2 **主要内容**

不同行（企）业测评内容可根据实际情况进行调整或补充。应按下述内容编制企业安全文化星级建设测评报告：

a）测评基本信息，包括测评单位基本信息、依据、原则、内容、过程、方法等；

b）测评小组情况，包括测评专家信息、测评小组分工及签名等；

c）测评过程，包括测评方法描述、测评打分（在测评打分表中为各指标逐项打分，并在备注中对打分项进行补充说明）；

d）测评结果，包括测评分数计算及评定星级情况；

e）建设特色、不足及问题总结；

f）建设改进措施及建议；

g）附件，包括支持各具体指标测评的支撑材料和必要说明等。

8.3 **评审与发布**

企业应对安全文化星级建设测评过程及报告进行评审。测评报告评审合格后，由企业主要负责人签发。

## 9. 企业安全文化星级建设持续改进

9.1 企业宜每三年对企业安全文化星级建设进行自评，针对存在的不足和问题，对照测评星级制定建设规划进行整改提升。

9.2 企业宜每年针对企业安全文化建设进行工作总结，应根据建设规划考核改进措施的落实情况。

9.3 测评星级达到三星的企业可申请省、市级安全文化示范企业。

9.4 测评星级达到四星及以上的企业可建议推荐申报全国安全文化示范企业的评审。

## 10. 企业安全文化星级建设证实方法

10.1 企业安全文化星级建设测评方式和内容见附录A。企业应提供测评访谈记录和问卷调查统计分析资料档案，访谈抽样比例不低于企业决策层、管理层、员工层的人数的10%。

10.2　企业和协会应保留测评专家组成员测评打分情况和测评指标得分计算过程的原始记录材料。企业安全文化星级建设测评打分原始记录表见附录B，测评指标权重见附录C。

10.3　企业开展企业安全文化星级建设自评工作和协会开展企业安全文化星级建设认定工作均应形成完整的测评报告，测评报告的内容和格式规范见附录D。

# 附录A（规范性） 企业安全文化星级建设测评方式和内容

表A.1 给出了测评方式和测评内容。

表A.1 测评方式和测评内容

| 序号 | 一级指标 | 测评方式 | 测评内容 |
| --- | --- | --- | --- |
| 1 | 安全价值观 | 查阅反映企业安全文化理念体系的相关资料、领导访谈、管理人员访谈、员工访谈、问卷调查 | 企业的安全理念体系是否完整？<br>安全理念体系中是否反映出了明确的安全核心价值观？<br>企业安全价值观能否体现对卓越安全绩效的追求？<br>安全价值观是否反映了企（行）业特色？<br>企业内外部是否知晓该企业的安全价值观？<br>企业员工是否认可企业的安全价值观？<br>能表述和理解安全价值观的员工占多大比例？ |
| 2 | 安全态度 | 领导访谈、管理人员访谈、员工访谈、问卷调查 | 决策层对安全生产工作和安全文化建设工作是否有积极的认识？<br>企业各层级人员对于各自所处的工作岗位中安全优先的态度如何？<br>员工如果发现有可能降低安全性的行为或各种有疑问的安全问题时会怎么办？ |
| 3 | 安全诚信 | 查阅安全信息公示、安全承诺书等相关资料、领导访谈、管理人员访谈、员工访谈、问卷调查 | 企业是否逐级签订《安全生产责任书》和《安全承诺书》？<br>《安全生产责任书》和《安全承诺书》的内容是否针对不同岗位的特点、是否全面、是否有可操作性？<br>是否以社会责任报告等形式公开发布告知社会及相关方有关风险、隐患、职业危害等安全信息及防控保障措施？<br>是否针对安全责任落实和安全承诺落实有考核办法？有没有阶段性检查、评价、改进等过程？ |

表 A.1（续）

| 序号 | 一级指标 | 测评方式 | 测评内容 |
| --- | --- | --- | --- |
| 4 | 安全教育 | 查阅安全培训教育档案等相关资料、员工访谈、问卷调查、现场随机抽查展示 | 安全培训内容的针对性如何？是否针对不同岗位、不同员工？<br>是否制定了安全生产滚动培训计划？<br>安全培训考试题库是否做到及时更新？<br>安全培训教育覆盖的比例如何？<br>安全培训内容和形式是否满足企业安全生产管理的需要？员工掌握情况如何？<br>员工在培训教育和日常工作中自主学习情况如何？学习效果是否有考核评价、是否有证明支撑材料？<br>企业是否树立了安全典型、榜样、标兵？学习氛围如何？ |
| 5 | 安全环境 | 现场考查、查阅反映企业安全环境优化的材料、员工访谈、问卷调查 | 危险源(点)和作业场所等是否设置了符合国家、行业、地方标准的安全标志标识？<br>是否推行了 LOTO、管道颜色标签、人车分离等目视化管理作业现场环境管理措施？<br>生产设备、设施、工具等的定置定位是否整齐有序？<br>生产设备、设施推行本质安全、人机工效的应用程度如何？<br>作业场所是否做到了场地环境符合职业健康相关规定？<br>是否设置了安全教育警示等宣教用语、标识？<br>是否设立安全文化廊、黑板报、宣传栏等安全文化阵地？ |
| 6 | 安全制度 | 查阅安全制度文件、制度落实记录等相关资料、员工访谈、问卷调查、现场行为观察 | 是否有科学完善的安全生产规章制度（规程、标准）？<br>安全规章制度是否覆盖到生产经营的全过程和全体员工？<br>风险分级管控、隐患排查治理和应急管理等相关记录文件内容是否规范全面？<br>有无对安全规章落实到安全生产行为的效能评价和改进制度？<br>日常安全制度落实记录文档是否规范全面？ |

表 A.1（续）

| 序号 | 一级指标 | 测评方式 | 测评内容 |
|---|---|---|---|
| 7 | 全员参与 | 查阅员工参与事务的记录文档、员工访谈、问卷调查 | 企业是否建立了覆盖各层级、各部门及全体员工的参与制定和落实安全规划、安全目标、安全投入等安全管理机制？<br>企业是否有措施保证各岗位全员参与到了安全生产活动当中？<br>企业职代会、工会等是否积极收集安全工作及安全管理意见、建议？<br>针对员工识别的安全异常、安全缺陷、事故隐患等，是否给予及时的处理和反馈？ |
| 8 | 安全沟通 | 查阅信息沟通记录、沟通载体等相关资料、现场考查、员工访谈、问卷调查 | 企业决策层是否经常宣贯并强化有关安全重要性、表达对安全行为的期望？<br>管理层在日常安全管理过程中传达、分享安全信息的情况？<br>当发现有人忽视安全时，管理者和员工是否会及时指出并纠正？<br>员工获取安全信息有哪些载体形式或途径？<br>企业内部安全信息能否在上下级、员工与员工间顺畅传递交流？<br>企业是否做到对社会坦诚公开企业安全生产信息？ |
| 9 | 持续改进 | 查阅安全文化建设规划、合理化建议、绩效评估等相关材料、员工访谈、问卷调查 | 是否及时广泛搜集了企业安全文化建设的合理化建议？<br>是否定期开展了对于企业安全文化建设工作的绩效评估？<br>是否有安全文化实施规划的相关阶段性记录和总结评价分析报告？<br>是否对安全文化建设规划进行滚动修订改进？ |
| 10 | 鼓励加分项 | 查阅加分项支撑材料 | 是否有省部级以上安全生产方面的获奖？<br>是否有职业健康安全管理体系认证？<br>是否通过了行业领域安全生产标准化二级以上？<br>是否有投保安全生产责任保险？<br>是否有安全生产方面的创新活动，影响范围如何？ |

# 附录B（规范性） 企业安全文化星级建设测评记录

测评记录见表 B. 1。

表 B.1 测评记录表

| 序号 | 一级指标 | 二级指标 | 二级指标得分 | | | | |
|---|---|---|---|---|---|---|---|
| 基本条件 | | 企业成立并运营三年以上 | □符合□不符合 | | | | |
| | | 企业应建立清晰、明确的安全管理组织架构和安全责任体系 | | | | | |
| | | 申请三星以上认定的企业，需安全文化建设自评已达到三星以上水平，且近 3 年内未发生死亡或 1 次 3 人（含）以上重伤，或造成严重不良社会影响的生产安全责任事故 | | | | | |
| | | | 指标得分记录 | | | | |
| | | | 0 ~ 60 | 60 ~ 70 | 70 ~ 80 | 80 ~ 90 | 90 ~ 100 |
| 1 | 安全价值观 | 企业具有明确的安全核心价值观，体现追求卓越安全绩效的程度 | | | | | |
| | | 安全价值观体现企（行）业特色的程度 | | | | | |
| | | 安全价值观在企业内外部持续传播的程度 | | | | | |
| | | 安全价值观获得企业员工广泛认可的程度 | | | | | |
| 2 | 安全态度 | 决策层在制定政策、建立体制和资源分配等工作中体现安全优先的程度 | | | | | |
| | | 管理层在部门工作计划、组织、指挥、协调、控制等工作中体现对安全的重视程度 | | | | | |
| | | 员工层在岗位上落实操作规程和探索不确定性的严谨程度 | | | | | |

表 B.1（续）

| 序号 | 一级指标 | 二级指标 | 二级指标得分 | | | | |
|---|---|---|---|---|---|---|---|
| 3 | 安全诚信 | 企业积极履行社会责任，主动公开、公示风险、隐患、事故和职业危害等安全信息的程度 | | | | | |
| | | 企业面向客户等相关方开展安全宣传，推动相关方企业履行安全责任的程度 | | | | | |
| | | 企业全员公开作出履职尽责安全承诺的情况 | | | | | |
| | | 企业全员落实安全承诺的情况 | | | | | |
| 4 | 安全教育 | 企业员工掌握安全法律法规、安全规章制度和岗位安全操作规程的程度 | | | | | |
| | | 企业员工掌握岗位职业健康危害及劳动防护知识的程度 | | | | | |
| | | 企业员工掌握识别处理安全风险、隐患能力的程度 | | | | | |
| | | 企业员工掌握各类事故应急救援能力的程度 | | | | | |
| | | 企业员工自主学习的程度 | | | | | |
| | | 企业树立典型、营造学习氛围的程度 | | | | | |
| 5 | 安全环境 | 作业环境、作业岗位符合国家、行业、地方的安全技术标准和职业健康标准的情况 | | | | | |
| | | 工作场所推行相关安全环境优化措施的情况 | | | | | |
| | | 生产与生活场所等公共区域设置安全宣教用语、标志标识的情况 | | | | | |

表 B.1（续）

| 序号 | 一级指标 | 二级指标 | 二级指标得分 | | | | |
|---|---|---|---|---|---|---|---|
| 6 | 安全制度 | 企业建立健全安全生产规章制度体系的情况 | | | | | |
| | | 企业及时修订完善安全生产规章制度体系的情况 | | | | | |
| | | 企业落实风险分级管控、隐患排查治理机制和应急管理制度的情况 | | | | | |
| | | 企业全员落实各项安全规章制度、规范安全生产行为的情况 | | | | | |
| 7 | 全员参与 | 企业各级管理者积极创造全员安全事务参与的环境、渠道，营造全员参与安全管理的工作氛围 | | | | | |
| | | 企业建立覆盖各层级、各部门及全体员工的参与制定和落实安全规划、安全目标、安全投入等安全管理机制的情况 | | | | | |
| | | 企业职代会、工会等积极收集安全工作及安全管理意见、建议，并建立日常员工安全建议收集和处理机制，反馈、鼓励及采纳建议的情况 | | | | | |
| | | 建立安全观察和安全报告制度，对员工识别的安全异常、安全缺陷、事故隐患，给予及时的处理和反馈。 | | | | | |
| 8 | 安全沟通 | 决策层经常宣贯并强化有关安全重要性的情况 | | | | | |
| | | 管理层及时传达组织安全管理决策的情况 | | | | | |
| | | 企业员工将安全信息充分交流并融入工作过程中的情况 | | | | | |

表 B.1（续）

| 序号 | 一级指标 | 二级指标 | 二级指标得分 | | | | |
|---|---|---|---|---|---|---|---|
| 8 | 安全沟通 | 安全信息在企业内上下级顺畅传递情况 | | | | | |
| | | 企业对外安全信息坦诚公开的情况 | | | | | |
| 9 | 持续改进 | 企业制定安全文化建设规划、计划和实施运行的情况 | | | | | |
| | | 企业建立全员安全文化建设反馈机制，搜集合理化建议的情况 | | | | | |
| | | 企业定期开展安全文化建设工作绩效评估，改进安全文化建设工作的情况 | | | | | |
| 测评得分 | | | | | | | |
| 鼓励加分项 | | 企业近三年内获得安全生产方面的省部级以上表彰奖励 | □有（0.5 分）□无（0 分） | | | | |
| | | 企业通过职业健康安全管理体系或行业领域安全生产标准化二级以上等认证 | □有（0.5 分）□无（0 分） | | | | |
| | | 企业实行安全生产责任保险 | □有（0.5 分）□无（0 分） | | | | |
| | | 具有鲜明的特色和企（行）业特点的创新活动 | □有（0.5 分）□无（0 分） | | | | |
| 综合得分 | | | | | | | |
| 测评星级 | | | | | | | |

# 附录C（规范性） 企业安全文化星级建设测评指标权重

C.1 指标权重设置说明。

表 C.1 各级指标权重数值

| 序号 | 一级指标 | 一级指标权重 | 二级指标 | 二级指标权重 |
|---|---|---|---|---|
| 1 | 安全价值观 | 0.15 | 企业具有明确的安全核心价值观，体现追求卓越安全绩效的程度。 | 0.3 |
| | | | 安全价值观体现企业特色的程度。 | 0.2 |
| | | | 安全价值观在企业内外部持续传播的程度。 | 0.2 |
| | | | 安全价值观获得企业员工广泛认可的程度。 | 0.3 |
| 2 | 安全态度 | 0.13 | 决策层在制定政策、建立体制和资源分配等工作中体现安全优先的程度。 | 0.4 |
| | | | 管理层在部门工作计划、组织、指挥、协调、控制等工作中体现对安全的重视程度。 | 0.3 |
| | | | 员工层在岗位上落实操作规程和探索不确定性的严谨程度。 | 0.3 |
| 3 | 安全诚信 | 0.12 | 企业积极履行社会责任，主动公开、公示风险、隐患、事故和职业危害等安全信息的程度。 | 0.2 |
| | | | 企业面向客户等相关方开展安全宣传，推动相关方企业履行安全责任的程度。 | 0.2 |
| | | | 企业全员公开作出履职尽责安全承诺的情况。 | 0.3 |
| | | | 企业全员落实安全承诺的情况。 | 0.3 |

表 C.1（续）

| 序号 | 一级指标 | 一级指标权重 | 二级指标 | 二级指标权重 |
|---|---|---|---|---|
| 4 | 安全教育 | 0.12 | 企业员工掌握安全法律法规、安全规章制度和岗位安全操作规程的程度 | 0.15 |
| | | | 企业员工掌握岗位职业健康危害及劳动防护知识的程度 | 0.15 |
| | | | 企业员工掌握识别处理安全风险、隐患能力的程度 | 0.2 |
| | | | 企业员工掌握各类事故应急救援能力的程度 | 0.2 |
| | | | 企业员工自主学习的程度 | 0.15 |
| | | | 企业树立典型、营造学习氛围的程度 | 0.15 |
| 5 | 安全环境 | 0.1 | 作业环境、作业岗位符合国家、行业、地方的安全技术标准和职业健康标准的情况 | 0.3 |
| | | | 工作场所推行相关安全环境优化措施的情况 | 0.4 |
| | | | 生产与生活场所等公共区域设置安全宣教用语、标志标识的情况 | 0.3 |
| 6 | 安全制度 | 0.08 | 企业建立健全安全生产规章制度体系的情况 | 0.2 |
| | | | 企业及时修订完善安全生产规章制度体系的情况 | 0.2 |
| | | | 企业落实风险分级管控、隐患排查治理机制和应急管理制度的情况 | 0.3 |
| | | | 企业全员落实各项安全规章制度、规范安全生产行为的情况 | 0.3 |

表 C.1（续）

| 序号 | 一级指标 | 一级指标权重 | 二级指标 | 二级指标权重 |
|---|---|---|---|---|
| 7 | 全员参与 | 0.12 | 企业各级管理者积极创造全员安全事务参与的环境、渠道，营造全员参与安全管理的工作氛围 | 0.2 |
| | | | 企业建立覆盖各层级、各部门及全体员工的参与制定和落实安全规划、安全目标、安全投入等安全管理机制的情况 | 0.3 |
| | | | 企业职代会、工会等积极收集安全工作及安全管理意见、建议，并建立日常员工安全建议收集和处理机制，反馈、鼓励及采纳建议的情况 | 0.2 |
| | | | 建立安全观察和安全报告制度，对员工识别的安全异常、安全缺陷、事故隐患，给予及时的处理和反馈 | 0.3 |
| 8 | 安全沟通 | 0.1 | 决策层经常宣贯并强化有关安全重要性的情况 | 0.3 |
| | | | 管理层及时传达组织安全管理决策的情况 | 0.2 |
| | | | 企业员工将安全信息充分交流并融入工作过程中的情况 | 0.2 |
| | | | 安全信息在企业内上下级顺畅传递情况 | 0.15 |
| | | | 企业对外安全信息坦诚公开的情况 | 0.15 |
| 9 | 持续改进 | 0.08 | 企业制定安全文化建设规划、计划和实施运行的情况 | 0.4 |
| | | | 企业建立全员安全文化建设反馈机制，搜集合理化建议的情况 | 0.3 |
| | | | 企业定期开展安全文化建设工作绩效评估，改进安全文化建设工作的情况 | 0.3 |

# 附录D（规范性） 企业安全文化星级建设测评报告格式

## D.1 测评报告

企业完成安全文化星级建设测评工作后，应形成供评审用的测评报告，其主要内容包含以下方面：

a）封面；

b）著录项；

c）前言；

d）目录；

e）正文；

f）附件；

g）附录。

## D.2 规格

测评报告宜采用A4幅面，左侧装订。

## D.3 封面格式

D.3.1 封面的内容应包括：

a）标题；

b）企业名称；

c）测评周期；

d）测评报告完成时间。

D.3.2 标题宜统一写为“企业安全文化星级建设测评报告”。

D.3.3 封面式样如图D.1。

D.3.4 著录项格式：

a）“企业负责人、测评人员”等著录项一般分两页布置。第一页署明企业负责人、技术负责人、测评负责人等主要责任者姓名，下方为报告编制完成的日期及企业单位公章用章区；第二页则为测评人员、各类技术专家一级其他有关责任者名单，测评人员和技术专家均应亲笔签名；

b）著录项样张见图D.2和图D.3。

企业安全文化星级建设测评报告（一号黑体加粗）

测评周期：XXXX-XXXX 年（二号宋体加粗）

企业名称（二号宋体加粗）

测评报告完成日期（二号宋体加粗）

图 D.1　封面格式

# 企业安全文化星级建设测评报告（一号宋体加粗）

**单位负责人：**（四号宋体加粗）

**技术负责人：**（四号宋体加粗）

**测评负责人：**（四号宋体加粗）

**测评报告完成日期**（四号宋体加粗）

（单位公章）

**图 D.2　著录项首页格式**

**测评人员**（三号宋体加粗）

| | 姓名 | 职务 | 职称 | 签字 |
|---|---|---|---|---|
| 负责人 | | | | |
| | | | | |
| 测评专家组成员 | | | | |
| | | | | |
| | | | | |
| | | | | |
| | | | | |
| | | | | |
| 报告编制人 | | | | |
| | | | | |
| | | | | |
| 报告审核人 | | | | |
| | | | | |
| 技术负责人 | | | | |
| | | | | |

（此表应根据具体项目实际参与人数编制）

**测评组组长：**（签字）

（列出各类专家名单）

（以上全部四号宋体）

**图 D.3　著录项次页格式**

# 参考文献


[1] 国际原子能组织：安全文化（No.75-INSAG-4），1992

[2] 国际原子能组织：强化安全文化的关键实践（INSAG-15），2002

[3] 宋守信，陈明利.电力安全文化管理.电力出版社，2004

[4] 徐德蜀，邱成.企业安全文化简论.化学工业出版社，2005

[5] 美国不列颠百科全书公司.不列颠百科全书.中国大百科全书出版社，2007

[6] 全国安全文化建设示范企业评价标准（安监总厅政法函〔2012〕150号），2012

[7] Terry L. Mathis, Shawn M. Galloway，追求安全文化卓越的步骤，Wiley出版社，2013

[8] 国家核安全局:核安全文化特征（NNSA-HAJ-1001-2017），2017

[9] 罗云.企业安全文化建设（第三版）.煤炭工业出版社，2018

[10] 贺定超.借鉴安全文化建设经验.中国应急管理，2019

[11] 崔政斌，张美元，周礼庆.杜邦安全管理.化学工业出版社，2021

# 参考文献

[1] 国际原子能组织：安全文化（No.75-INSAG-4），1992.

[2] 国际原子能组织：强化安全文化的关键实践（INSAG-15），2002.

[3] 宋守信，陈明利. 电力安全文化管理［M］. 北京：电力出版社，2004.

[4] 徐德蜀，邱成. 企业安全文化简论［M］. 北京：化学工业出版社，2005.

[5] 爱德华·泰勒. 原始文化［M］. 连树声，译. 桂林：广西师范大学出版社，2005.

[6] 美国不列颠百科全书公司. 不列颠百科全书［M］. 北京：中国大百科全书出版社，2007.

[7] 焦晓佑，宋守信，吴俊勇. 基于BP神经网络的核安全文化星级评价体系［J］. 核动力工程，2007，28（1）：105-109，114

[8] 宋守信. 什么是安全文化［J］. 冶金企业文化，2009（4）：53.

[9] 宋守信，陈明利，闻桦. 企业安全管理中的潜流文化现象与应对方略［J］. 中国安全科学学报，2009，19（3）：79-85.

[10] 傅贵，王祥尧，吉洪文，等. 基于结构方程模型的安全文化影响因子分析［J］. 中国安全科学学报，2011，21（2）：9-15.

[11] 宋守信. 城市运行中的自反性危机与反身性思考［J］. 现代职业安全，2012（1）：38-39.

[12] Terry L. Mathis，Shawn M. Galloway. STEPS to Safety Culture Excellence［M］. Wiley，2013.

[13] 国家核安全局：核安全文化特征（NNSA-HAJ-1001-2017），2017.

[14] 罗云. 企业安全文化建设［M］. 3版. 北京：煤炭工业出版社，2018.

[15] 宋守信，林晓飞. 企业安全文化三元三段建设模式［J］. 城市与减灾，2019（4）：1-5.

［16］贺定超. 借鉴安全文化建设经验［J］. 中国应急管理，2019（2）：21–22.

［17］宋守信.反脆弱机制原理与运用研究［J］.技术与创新管理，2020，41（4）：320.

［18］崔政斌，张美元，周礼庆. 杜邦安全管理［M］. 北京：化学工业出版社，2021.

［19］宋守信，陈明利，翟怀远，等.新修订《安全生产法》中的安全发展理念：从条款第三条谈起［J］.安全，2021，42（11）：10–14，9.

［20］宋守信，陈明利，翟怀远，等.公共安全视角下的叠加风险解析［J］.劳动保护，2022（1）：18–21.

# 后 记

敲完书稿最后一行文字，天色已经渐晚。举目窗外，只见空中纷纷扬扬飘起了雪花。巨大的塔松、玲珑的龙爪槐、茂密的迎春都披上了银装。甲辰龙年开春伊始就普降瑞雪，今年必会有个好收成。

农谚说瑞雪兆丰年，是有科学道理的。一是因为雪是亲切的，能带来多种营养元素和充沛的水分，悄悄融化的雪水润物细无声，有助于农作物健康发育；二是因为雪是寒冷的，可以除掉潜藏在土壤中的有害虫卵和病菌，减少病虫害对农作物生长的威胁。

安全文化就像可以增益祛害的瑞雪，既能为企业安全生产注入源源不绝的能量，激发全体员工齐心协力共创安全的工作热情，又能使企业致力抗击种种扰动安全的风险，有效遏止影响安全生产的不良习气和违章行为，保护生命之树常绿。

人们翘首以待的瑞雪会不会当春乃发生，主要有赖于天时。企业能不能建设好安全文化，更要看地利与人和。只有创造出必要的生长条件，营造出持之以恒、积极向上的安全氛围，才能使安全文化在企业生根发芽、成长壮大。但是，由于企业类别众多，员工千差万别，境况背景各不相同，建设方法难以掌控，诸多问题会使一些有心建设安全文化的企业感到难度太大，觉得无从下手。不过，可喜的是经过业界多年努力，安全文化理论日渐成熟，许多先行企业已经积累了很好的经验，为安全文化建设奠定了扎实的基础。希望通过对安全文化建设理论的梳理解析，对成功企业典型经验的提炼展示，为企业安全文化建设、测量与评价提供一些有益的借鉴和参考。

在酝酿和编写本书过程中，我们反复研读了国内外多位专家关于安全文化的精辟论述，实地考察学习了国内外多家企业安全文化建设的现场。学者深刻的思想，企业活生生的实践，使我们目睹了专家学者为安全文化发展所做的不懈努力，各家企业在安全文化建设的沃土上抛洒的辛劳汗水。这些卓越建树和丰硕成果给我们的写作提供了取之不尽、用之不竭的源泉。对于所有在我们研究、学习和写作道路上给予帮助的单位和个人，在此一并表示由衷的钦佩和衷心的感谢！特别感谢范维澄院士百忙之中为本书写了序言，这是对我们工作巨大的支持，也激励我们在今后的日子里要更加倾力安全。

本书是北京交通大学风险管理研究所全体师生和客座研究人员武淑平、翁勇南、林晓飞等集体努力的成果，书中难免存在疏漏之处，诚心希望各位读者给我们提出改进建议。

著者

2024年2月20日于北京

**图书在版编目（CIP）数据**

企业安全文化建设实务 / 宋守信，陈明利，翟怀远著. -- 北京 ：应急管理出版社，2024. -- ISBN 978-7-5237-0579-7

I. X931

中国国家版本馆CIP数据核字第2024B4J220号

**企业安全文化建设实务**

---

**著　　者**　宋守信　陈明利　翟怀远
**责任编辑**　杨晓艳
**责任校对**　张艳蕾
**封面设计**　天丰晶通

**出版发行**　应急管理出版社（北京市朝阳区芍药居35号　100029）
**电　　话**　010-84657898（总编室）　010-84657880（读者服务部）
**网　　址**　www.cciph.com.cn
**印　　刷**　海森印刷（天津）有限公司
**经　　销**　全国新华书店

**开　　本**　710mm × 1000mm 1/16　**印张**　17 1/2　**字数**　312千字
**版　　次**　2024年6月第1版　2024年6月第1次印刷
**社内编号**　20240233　**定价**　48.00元

---